电力系统调峰

湖南省电网中长期调峰现状、技术及应用

谭玉东 文明 刘晓丹 黄鸿奕 梁海维◎著

電子工業出版社.
Publishing House of Electronics Industry
北京·BEIJING

内 容 简 介

本书依托国网湖南省电力有限公司在电力调峰方面的技术积累，从助力"双碳"目标落地的角度出发，对湖南省电网的调峰关键技术进行了阐述。本书从湖南省的电力发展状况入手，分析了湖南省电网的调峰需求与调峰能力，以及电价变化、用户经济性与负荷特性的关系，构建了促进新能源消纳的峰谷平时段优化模型和峰谷平时段、电价组合优化模型，并采用粒子群算法进行了优化求解，从促进新能源消纳的角度，对湖南省电网的多类型用户调峰关键技术进行了探讨。

本书适合电力系统的从业人员阅读，也可作为相关专业的教材或教学参考书。

图书在版编目（CIP）数据

电力系统调峰：湖南省电网中长期调峰现状、技术及应用 / 谭玉东等著. —北京：电子工业出版社，2023.12
ISBN 978-7-121-46556-7

Ⅰ. ①电… Ⅱ. ①谭… Ⅲ. ①电力系统运行 Ⅳ.①TM732

中国国家版本馆 CIP 数据核字（2023）第 202971 号

责任编辑：田宏峰   文字编辑：王天跃
印　　刷：三河市君旺印务有限公司
装　　订：三河市君旺印务有限公司
出版发行：电子工业出版社
　　　　　北京市海淀区万寿路 173 信箱　邮编　100036
开　　本：720×1 000　1/16　印张：13.5　字数：259 千字　彩插：7
版　　次：2023 年 12 月第 1 版
印　　次：2023 年 12 月第 1 次印刷
定　　价：98.00 元

凡所购买电子工业出版社图书有缺损问题，请向购买书店调换。若书店售缺，请与本社发行部联系，联系及邮购电话：（010）88254888，88258888。
质量投诉请发邮件至 zlts@phei.com.cn，盗版侵权举报请发邮件至 dbqq@phei.com.cn。
本书咨询联系方式：tianhf@phei.com.cn。

前　言

　　充沛的电力供应、得当的电力调度是推动我国经济社会在新时代实现高质量发展的重要支撑，是满足广大人民群众对美好生活追求、用电用能需求，以及助力实现"双碳"目标的重要路径。

　　近年来，湖南省的经济社会快速发展，产业结构优化调整，新能源装机规模不断增长，用电结构发生了显著变化，电网峰谷差逐年加大，新能源的发展也使调峰与清洁能源消纳之间的矛盾日益突出。随着国家"双碳"目标的提出，未来的新能源必将以更加迅猛的速度增长，其间歇性、随机性、反调峰等特点，会明显增加电网调峰压力，再叠加区外来电的电能消纳要求，使湖南省电网在调峰方面面临着巨大的挑战，亟待研究解决。

　　受制于现有电力系统的结构与特点，湖南省电网的调峰能力有限，传统的调峰手段已无法满足湖南省清洁能源的发展与负荷需求的增长，迫切需要深度挖掘调峰资源潜力，从湖南省电网的中长期建设与发展角度出发，改变现有的调峰手段，提出更加科学合理、经济高效、绿色智能的电网调峰措施，不断提高调峰能力，适应负荷增长需求，增强韧性与弹性，保证电网的安全可靠与持续稳定运行。

　　从目前湖南省电网的"发/输/配/用电"的整体情况来看，呈现"缺电力不缺电量"的特点，电力系统整体运行效率不是很高。一个表现是最大供电能力依然不能满足高峰负荷需求，高峰季节依然存在需要有序用电现象；另一个表现是高峰负荷持续时间总体呈下降趋势，为满足高峰负荷需求而增加电网投资，会使电网的整体效率不高。上述的特点主要源于电力供需在时空上的不平衡，暴露了湖南省电网在灵活调节资源方面的不足，短板亟待补上。

　　结合湖南省电网的运行现状，本书深入分析了电网调峰需求与调峰能力，从用电负荷、新能源发展、跨区跨省送/受电等方面出发，分析和计算了湖南省未来各水平年典型日的系统调峰需求，结合未来发展规划，研究了今后各水平年调峰能力发展情况。在合理配置现有调峰资源的同时，结合能源发展形势与多能互补趋势、调峰资源发展基础与敏感性分析，明确各类调峰资源的配置原则，以期为湖南省中长期能源电力的优质高效发展提供理论和技术支持。

本书采取理论与实证相结合的方法，考虑湖南省新能源与用电负荷发展趋势等因素，从以价格为引导的用户参与调峰机制、提高新能源消纳用户调峰机制与峰谷分时电价策略、多类型用户调峰机制评价等方面开展了深入研究，分析了不同类型用户的负荷特性与柔性可调潜力，重点分析了电价变化、用户经济性与负荷特性的关系，依据调峰需求和用户负荷特性，构建了考虑社会因素的基于电力需求价格弹性矩阵的用户响应模型、基于消费者心理学的用户响应模型等，以反映不同电价政策对用户负荷需求的影响。

本书以新能源消纳和最大化用户满意度为目标，分别构建了促进新能源消纳的峰谷平时段优化模型和峰谷平时段、电价组合优化模型，并采用粒子群算法进行了优化求解，对比了两种模型的新能源消纳量以及不同季节的峰谷分时电价的划分结果。仿真结果表明，考虑社会因素的基于电力需求价格弹性矩阵的用户响应模型可以更有效地促进新能源消纳，通过制定季节性分时电价机制可更有效地缓解夏季与冬季负荷高峰的供应压力；根据用户调峰责任大小制定公平合理的激励措施，有利于提升多类型用户参与需求响应的积极性，达到对负荷削峰填谷的目的。此外，本书还对比分析了储能加入后的新能源消纳情况，仿真结果表明，储能的加入可使新能源消纳量得到进一步提升。

在国家相关政策激励与指引下，我国新能源呈现快速发展的态势，集中式与分布式并举，推动风电和光伏发电的大规模、高比例、高质量、市场化发展。不过，传统的调度运行策略与调峰手段已无法满足新能源发展与负荷增长的需求。本书根据湖南省电网的负荷特性，探讨了有助于促进新能源消纳的多类型用户负荷调峰技术，探索了适应高占比新能源的负荷侧调峰理论与机制，综合诸多要素构建了新的评价指标体系，提出了一种基于改进动态激励的综合评价方法，以期整合源荷优势，不断提升调峰决策与管理的效率。

关于如何进一步发挥湖南省能源大数据智慧平台的作用、加快人工智能和智能电网等新技术在湖南省电网中的应用、推进湖南省电网的数字化升级改造与电力行业的数字化管理、打造智慧高效的湖南省电网调峰体系、创新市场化环境下的"风光水火储一体化"智慧联合调度、全面提升系统整体运行水平等，本书也做了论述与展望。

因作者水平和经验有限，书中不当之处在所难免，敬请广大读者指正。

编著者

2023 年 6 月

目　　录

第 1 章
湖南省电力发展现状

1.0 引言

随着社会的发展和工业水平的不断提高,人们对电力资源的需求不断增加。现阶段全球各国不仅面对负荷电量不断提升所带来的挑战,还要面对全球气候变暖等一系列环境恶化所带来的威胁,因此发展风电、光伏发电等新能源是解决这些问题的有效手段[1, 2]。近几年来,随着我国不断出台激励新能源发展的新政策,湖南省风电、光伏发电装机规模迎来爆发式增长,截至 2021 年年底,风电、光伏发电、生物质发电装机规模分别达到 803 万千瓦、451 万千瓦和 111 万千瓦。"十四五"期间新能源增长动力依旧强劲,预计到 2025 年,全省风电装机规模将达到 1200 万千瓦,光伏发电装机规模将达到 1500 万千瓦。

在新能源蓬勃发展的新形势下也存在诸多问题。风电、光伏发电等新能源相较于传统的火电、水电存在随机性、间歇性和波动性等问题,其出力难以精准地预测。同时新能源出力的反调峰特性加剧了电网调峰压力,部分时段新能源消纳非常困难[3]。2021 年全国弃风电量达 206.1 亿千瓦时,弃光电量达 67.8 亿千瓦时,全国平均风电利用率为 96.9%,同比提升 0.4 个百分点;光伏发电利用率为 98.2%,同比提升 1 个百分点。2021 年湖南省电网弃风电量为 1.52 亿千瓦时,弃水电量为 0.19 亿千瓦时,弃光电量为 0。开展清洁能源减弃扩需专场交易,累计外售电量 8.1 亿千瓦时。在发生弃水风光方式安排上,以小电服从大新能源整体消纳最大化为原则,尽最大可能提高新能源利用水平。2021 年水电利用率为 99.96%,风电利用率为 98.95%,光伏发电利用率为 100%,新能源发电利用率为 99.11%。根据《湖南省中长期调峰需求研究报告》测算结果,预计 2025 年弃风电量为 42.2 亿千瓦时,弃电率为 17.9%;预计弃光电量为 13.1

亿千瓦时，弃电率为 11.7%；新能源综合弃电量为 55.3 亿千瓦时，弃电率为 15.9%。湖南省风电、光伏发电资源主要分布在湘西南、湘南、洞庭湖区等地区，这些地区电网较为薄弱，新能源大规模并网对电网安全运行和发展建设提出了更高要求。此外，电动汽车、储能电池、自发电楼宇、智能家居等新型分布式用电负荷的快速增长，导致湖南省现有调度运行策略与调峰方式已经无法满足区域内新能源大规模消纳需求与多类型用户用电需求，现阶段湖南省弃风电量、弃光电量与负荷用电不匹配的矛盾突出。

近年来，湖南省统调最大负荷逐年递增，如图 1-1 所示，2010 年湖南省电网统调最大负荷为 1685 万千瓦，到 2020 年湖南省电网统调最大负荷增长到 3307.8 万千瓦，"十二五"期间的年均增速为 6%，"十三五"期间的年均增速为 8%。其负荷曲线呈"W"形，全年明显存在夏季和冬季两个负荷高峰。夏季负荷高峰一般出现在 7 月份或者 8 月份，冬季负荷高峰出现在 12 月份或者 1 月份。2010 年、2011 年、2013 年、2016 年、2017 年、2019 年和 2020 年湖南省电网最大负荷出现在夏季的 8 月份，而 2012 年、2014 年、2015 年和 2018 年受凉夏影响，全年最大负荷出现在冬季的 12 月份或 2 月份，此外年负荷曲线波动总体呈上升趋势。季度不均衡系数在 0.79～0.85 内，其中 2017 年季度不均衡系数最小，负荷分布最不均衡。

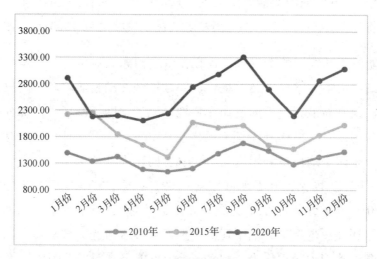

图 1-1　2010 年、2015 年、2020 年湖南省电网年负荷曲线（单位：万千瓦）

湖南省电网地处华中电网末端，由于负荷特性变化受产业结构调整影响，工业负荷比重降低，居民生活用电比重增加，导致电网峰谷差不断增大。近年来，峰谷差呈逐年上升趋势，2016—2020 年期间湖南省电网峰谷差情况见表 1-1。

表 1-1　2016—2020 年湖南省电网峰谷差情况统计表

指　标	2016 年	2017 年	2018 年	2019 年	2020 年	变 化 趋 势
年最大峰谷差/万千瓦时	1363	1244	1502	1604	1550	逐年递增
年最大峰谷差率	0.633	0.611	0.605	0.636	0.634	—
年平均峰谷差/万千瓦时	704	757	833	908	933	趋势递增
年平均峰谷差率	0.416	0.415	0.402	0.409	0.404	—

湖南省电网现有的电力调峰手段主要以火电等燃料机组为主，水电、天然气等可灵活调节机组匮乏。为促进新能源消纳、释放调峰空间，湖南省加大了对火电机组深度调峰改造的力度，但调峰空间有限且激励机制不完善，导致无法充分解决湖南省新能源消纳与负荷需求增长的矛盾。当电网负荷到达高峰时，若只依靠增加发电机的装机容量来满足短时间的高峰用电需求，不仅所需费用较高，而且实现时间较长，很难及时解决现阶段存在的电能供需矛盾的问题。将需求侧作为与供给侧相对等的资源参与到电网调峰中，并引导电力调峰主动跟踪新能源出力的波动，则是化解上述矛盾最有效的方式。新能源预测偏差较大、负荷波动、机组故障时，缺乏灵活的调峰手段和充足的应急响应能力。与传统调峰资源相比，合理利用需求侧资源有利于优化用电方式，降低电力调峰成本，实现电力行业的节能减排。

传统的电力调峰手段已经无法满足湖南省新能源发展与负荷增长需求，迫切需要探索能够促进新能源消纳的多类型用户负荷调峰技术，以满足新能源发展与用户侧负荷增长的需求。目前湖南省电网基于新能源消纳的运行调峰决策主要存在以下问题：

（1）新能源出力预测准确度低，预测偏差较大，导致现有调度决策方法难以满足新能源消纳需求；

（2）动态调峰手段单一，调峰能力严重不足，无法满足新能源消纳与负荷增长需求；

（3）分布式、智能化用电负荷的快速增长，使得现有调峰方法无法保证分散式负荷快速增长下系统峰谷运行安全；

（4）调峰方式的动态响应性差，调峰补偿机制不完善，导致调峰积极性差。

因此，针对湖南省新能源与用电负荷发展趋势与特点，亟须开展促进新能源消纳的湖南省电网多类型用户负荷调峰关键技术研究。

1.1　湖南省电力产业发展概述、运行动态分析和存在的问题

1.1.1　湖南省电力产业发展概述

1.1.1.1　湖南产业电力发展回顾

1）电源现状

全省口径，截至 2020 年年底，湖南省电网装机规模为 4915 万千瓦，其中水电装机规模为 1580.64 万千瓦（含抽水蓄能电站装机规模为 120 万千瓦），火电装机规模为 2268.72 万千瓦，风电装机规模为 669.09 万千瓦，光伏装机规模为 390.67 万千瓦，其他装机规模为 5.9 万千瓦。2015—2020 年湖南省电网新增装机规模为 1026 万千瓦，新增水电装机规模为 46.6 万千瓦，煤电装机规模为 82.0 万千瓦，风电及光伏、生物质等其他发电装机规模为 897.3 万千瓦。全省水电、火电、风电、光伏发电装机规模比例由 2015 年的 39.4%、56.2%、3.9%、0.4%调整为 2020 年的 32.2%、46.2%、13.6%、7.9%，水电、火电装机规模比例下降。

湖南省电网口径，截至 2020 年年底，湖南省电网装机规模为 4984.29 万千瓦，其中水电装机规模为 1709.91 万千瓦、火电装机规模为 2208.72 万千瓦，风电装机规模为 669.09 万千瓦、光伏发电装机规模为 390.67 万千瓦，分别占总装机规模的 34.3%、44.3%、13.4%、7.8%。2015—2020 年湖南省电网新增装机规模为 1020.2 万千瓦，新增水电装机规模为 40.9 万千瓦、煤电装机规模为 82 万千瓦、风电及光伏、生物质等其他发电装机规模为 897.3 万千瓦。湖南省电网水电、火电、风电、光伏发电装机规模比例由 2015 年的 42.1%、53.6%、3.8%、0.4%调整为 2020 年的 34.3%、44.3%、13.4%、7.8%，水电、火电装机

规模比例下降，风电和光伏发电装机规模年均增速 34.6%、87.3%。

全省口径，2020 年湖南全省发电量为 1552.1 亿千瓦时，其中水电为 573.7 亿千瓦时、火电为 849.1 亿千瓦时、风电为 98.9 亿千瓦时、光伏发电为 30.0 亿千瓦时，分别占总发电量的 37.0%、54.7%、6.4%、1.9%。2015—2020 年湖南省水电、火电、风光、光伏发电分别较 2015 年提高了 53.2 亿千瓦时、139.2 亿千瓦时、76.6 亿千瓦时、29.1 亿千瓦时。湖南省电网口径，2020 年湖南省电网发电量为 1570.3 亿千瓦时，其中水电为 623.9 亿千瓦时、火电为 817.0 亿千瓦时、风电为 98.9 亿千瓦时、光伏发电为 30.0 亿千瓦时，分别占总发电量的 39.7%、52.0%、6.3%、1.9%。2015—2020 年湖南省电网水电、火电、风光、光伏发电量分别较 2015 年提高 55.2 亿千瓦时、155.1 亿千瓦时、76.6 亿千瓦时、29.1 亿千瓦时。2015 年和 2020 年湖南省电网装机情况见表 1-2。

表 1-2　2015 年和 2020 年湖南省电网装机情况

项　　目	装机/万千瓦				发电量/亿千瓦时			
	2020 年		2015 年		2020 年		2015 年	
	规　模	占　比	规　模	占　比	规　模	占　比	规　模	占　比
1. 全省口径	4915	—	3889.07	—	1552.1	—	1253.48	—
水电	1580.64	32.2%	1534.03	39.4%	573.7	37.0%	520.46	41.5%
火电	2268.72	46.2%	2186.69	56.2%	849.1	54.7%	709.91	56.6%
风电	669.09	13.6%	151.41	3.9%	98.9	6.4%	22.28	1.8%
太阳能	390.67	7.9%	16.94	0.4%	30.0	1.9%	0.83	0.1%
储能	5.9	0.1%	—	—	0.4	0.02%	—	—
2. 湖南省电网口径	4984.29	—	3964.10	—	1570.3	—	1253.71	—
水电	1709.91	34.3%	1669.05	42.10%	623.9	39.7%	568.71	45.4%
火电	2208.72	44.3%	2126.69	53.65%	817.0	52.0%	661.89	52.8%
风电	669.09	13.4%	151.41	3.82%	98.9	6.3%	22.28	1.8%
太阳能	390.67	7.8%	16.94	0.43%	30.0	1.9%	0.83	0.1%
储能	5.9	0.1%	—	—	0.4	0.02%	—	—

2）电网现状

（1）对外联络。湖南省电力系统是华中电力系统的重要组成部分，处于华中电力系统的南部，经葛换—岗市、屏陵—澧州双回等三回 500 kV 联络线与湖北省电网联系。2017 年 6 月祁韶特高压直流（祁韶直流）投运，与甘肃省电网形成点对点联络。

（2）省内网架。目前，全网分为湘东（长沙、株洲、湘潭）、湘南（衡阳、郴州、永州）、湘北（岳阳）、湘西北（常德、益阳、张家界）、湘中（娄底、邵阳）、湘西（怀化、自治州）等 6 个区域、14 个供电区。其中，湘西北、湘西为两大主要的电源送端地区，湘东、湘南为两大主要的负荷中心受端地区。省内网架已形成覆盖全省主要负荷中心和电源基地，西电东送、北电南送的供电格局。省内已建成岗市—五强溪—民丰—长阳铺—宗元—紫霞、澧州—复兴—艾家冲—鹤岭—韶山换—船山—苏耽、沙坪—鼎功—星城—古亭—雁城等 3 条南北向 500 kV 输电通道，以及五强溪—岗市—复兴—沙坪、五强溪—民丰—南岸—鹤岭—韶山换—云田、牌楼—长阳铺—船山—雁城、艳山红—宗元—紫霞—苏耽等 4 条东西向 500 kV 输电通道，交织形成了湘东不完全双环网和湘南单环网。

（3）供用电格局。湖南省内电源集中在西部和北部（装机规模占比达 63%），负荷中心位于东部和南部（负荷占比超过 60%），湖南省主电网担负着"西电东送、北电南送"的供电保障任务。此外，湖南省水电装机规模比重大，且 80% 以上的调节性能较差，丰枯季节性特征明显。

（4）主电网规模。截至 2020 年年底，国网公司在湘资产中拥有 500 kV 变电站 23 座（不含艳山红开关站），主变 48 组（144 台），容量为 4325 万千瓦；220 kV 变电站 179 座（不含康田、黄秧坪、唐家坪开关站），主变 340 台，容量为 5685 万千瓦。国网公司在湘资产拥有 500 kV 交流线路 73 条，长度为 4944 km（含葛岗线在湖南境内的 91 km 和屏澧 I、II 线在湖南境内的 89 km）；220 kV 线路 587 条，长度为 16284 km。

3）跨区跨省送受电情况

2020 年，祁韶直流和鄂湘联络线实际输入电量为 314.3 亿千瓦时，同比增长 28.6%。

（1）祁韶直流方面。祁韶特高压直流工程于 2017 年 6 月投运，通过加装调相机、优化运行方式、挖掘电网潜力等措施，祁韶直流最大送电能力由投运时的 140 万千瓦提升到 550 万千瓦，送入电量从 2017 年的 63.5 亿千瓦时提升至目前的 215.2 亿千瓦时，2020 年省内高峰负荷时刻，祁韶直流出力 433 万千瓦，占全省出力的 13.0%。为全力消纳低价外电，加大省外购电力度，优化祁韶交易计划和送电曲线、统筹安排跨省跨区通道检修和省内开机方式，支持祁韶直流、鄂湘联络线电量消纳，2020 年祁韶直流输送电力和日电量分别首次突破 500 万千瓦、1 亿千瓦时，创历史新高。

（2）鄂湘联络线方面。2020 年省内高峰负荷时刻，鄂湘联络线出力 135 万千瓦，占全省出力的 4.1%。2020 年鄂湘联络线实际输入电量 99.1 亿千瓦时，"十三五"期间年均减少 6.9%。为统筹祁韶直流和鄂湘联络线运行方式，充分利用外来电受入容量，需提前消纳和置换消纳三峡、葛洲坝电力电量，尽量扩大外来电消纳规模。

1.1.1.2　湖南省电力需求分析

1）"十三五"期间湖南省用电量分析

2020 年湖南省全社会用电量为 1929.3 亿千瓦时，2015—2020 年期间年均增速为 5.9%。进入"十三五"以来，供给侧结构性改革成效开始显现，随着稳增长等政策的实施，全社会用电开始反弹回升，2015—2019 年增速恢复至 6.5%。2020 年因受疫情影响，全社会用电量增速下滑至 3.5%，2015—2020 年湖南省全社会用电量增长情况见图 1-2。

图 1-2　2015—2020 年湖南省全社会用电量增长情况

2）用电结构分析

2015—2020 年湖南省全社会用电量构成情况见表 1-3。第一产业用电量的增长对全社会用电量增长贡献率较低。"十二五"以来，随着国家宏观调控和全球经济波动影响，全省第二产业用电量增速大幅下降。2016 年第二产业因高耗能用电持续下滑，用电量下降 4.4%；2017 年随着经济形势的好转，第二产业用电量有所回升；2020 年在高基数的基础上，第二产业小幅增长 4.3%；第三产业用电量保持了快速增长的发展趋势，2020 年，第三产业受疫情冲击影响最大，首次出现近十年以来的负增长，较上年降低 0.5%；居民生活用电量在 2015 —2020 年期间的增速为 10.1%，居民生活用电量的增长已经成为湖南省全社会用电量增长的重要来源。

表 1-3　2015—2020 年湖南省全社会用电量构成情况

单位：亿千瓦时

类　　别	2015 年	2016 年	2017 年	2018 年	2019 年	2020 年	"十三五"年均增速
第一产业用电量	17.1	18.2	13.3	15.1	16.6	17.5	0.5%
第二产业用电量	886.6	847.7	885.3	955.9	987.6	1030.4	3.1%
第三产业用电量	215.4	242.6	273.8	315.4	350.7	349	10.1%
居民生活用电量	328.6	387.2	409.1	458.9	509.5	532.4	10.1%

在湖南省全社会用电结构中，第一产业因统计口径调整，其用电量在全社会用电中所占比重已下降至 0.91%；第二产业的用电量所占比重呈下降趋势，但所占比重仍然最高；第三产业的用电量所占比重由 2015 年的 14.88%上升至 2020 年的 18.09%，呈逐年上升趋势。居民生活用电量所占比重由 2015 年的 22.7%上升至 2020 年的 27.60%，呈逐年上升趋势。全社会用电量结构趋势变化与近年来三次产业结构调整趋势保持一致，第三产业对湖南省经济增长贡献不断提升，第二产业比重逐渐下降。同时居民生活水平的不断提升及电网的不断发展，使居民生活用电量比重逐年提升，如图 1-3 所示。

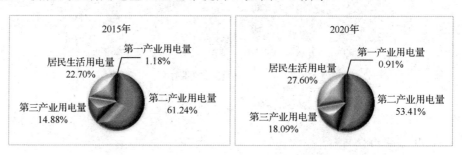

图 1-3　2015、2020 年全社会用电量结构对比

1.1.2　湖南省电力产业运行动态分析

1.1.2.1　湖南省拟建 30 MW 发电厂

湖南省衡东大王寨 30 MW 分散式电厂建设项目为 2021 年度湖南省重点建设项目，该项目由五凌电力有限公司负责建设，总投资 2.6 亿元，9 台风电机组，总装机容量 30 MW。该项目于 2021 年 9 月 5 日启动，线路长度 17 km，用地范围涉及蓬源镇冲排村等 5 个村，共征用土地 112 亩，临时租用土地 314 亩。2021 年 12 月 20 日该项目实现并网发电。

1.1.2.2　湖南省唯一一家生物质发电厂在澧县投产发电

2008 年 8 月 28 日，由湖南理昂再生能源电力有限公司（湖南理昂）和捷克 CEZ 能源集团共同投资建设的湖南省首座生物质发电厂在常德市澧县奠基[4]。总投资 5 亿元的澧县生物质发电厂将建设 3 台 15 MW 的发电机组，主要通过燃烧稻壳、秸秆等可再生资源，利用蒸汽发电，一期工程已于 2009 年 5 月正式建成投产，每年上网电量将达 1 亿千瓦时。而捷克 CEZ 能源集团也正式与湖南理昂签订清洁发展协议，利用碳交易来实现对发电厂的注资，据悉每年将注资 3000 万元。碳交易源自《京都议定书》，因为包括 CO_2 在内的温室气体的排放受到限制，碳的排放权和减排量额度开始成为一种可交易的有价产品。碳交易为发展中国家开辟了利用外资节能和治理污染的新途径，发达国家也可借此完成减排指标。

1.1.2.3　湖南省浯溪水电站首台机组并网发电

湖南新华浯溪水电开发有限公司位于湘江中上游祁阳县境内，为湘江干流流域规划的九个梯级中的第三个水电站，属于日调节径流式水电站。该水电站是一个以发电为主，兼有旅游、航运、灌溉、城市供水等综合效益的中型水利水电枢纽工程。

该水电站的总装机容量为 100 MW，设计年发电量为 3.955 亿千瓦时，正常蓄水位为 88.5 m，相应库容为 1.778 亿立方米，校核洪水位为 92.47 m，相应库容为 2.757 亿立方米，坝顶高程为 96 m，最大坝高为 28 m，坝顶长度为 1369 m，坝顶公路与 322 国道连接，且与浯溪名胜旅游区连为一体。

该水电站于 2005 年 11 月开工，2006 年被列为湖南省重点项目，2009 年 1 月湖南新华水利电力有限公司收购并控股投资建设，2009 年 12 月实现首台机组并网发电目标，2011 年 4 月 4 台机组全部投产发电，2013 年 6 月工程竣工。

1.1.2.4　湖南省首家生活垃圾焚烧发电项目落户常德

2021 年 12 月 14 日，常德市西部生活垃圾焚烧发电厂投产运营，标志着常德市的城乡生活垃圾全部用于焚烧发电，告别填埋时代。

常德市每天产生的城乡生活垃圾约 3200 吨。通过合理科学设置中转站，建立高效、有序的绿色环保型城乡一体化垃圾收运处理系统，推进德山、澧县、汉寿、石门 4 个生活垃圾焚烧发电厂环境卫生公共设施建设，生活垃圾焚烧处理能力每天达 2900 吨。随着日处理生活垃圾 800 吨的西部生活垃圾焚烧发电厂投产运营，常德市的城乡生活垃圾全部实现焚烧处理。

近年来，常德市加大生活垃圾管理力度，形成完善的工作体系，建立完整的处理网络，积极推行生活垃圾分类试点，生活垃圾管理水平走在全省前列。2019 年 1 月，该市在出台《城乡生活垃圾管理条例》基础上，公布《城乡生活垃圾治理专项规划（2020—2035）》，并通过招投标程序，引进 3 家大型环保科技企业，共投资 19.81 亿元，完成 5 家生活垃圾焚烧发电厂建设，城乡生活垃圾焚烧处理能力占比达到 100%。

据悉，常德市的城乡生活垃圾全部焚烧发电后，该市现有的 7 座生活垃圾填埋场不再填埋生活垃圾，仅作为应急备用场地使用，并进行提质改造。2021 年 11 月，常德市举办桃树岗垃圾填埋场生态修复项目方案论证会。该垃圾填埋场将以污染整治、生态修复为基础，以植物展示、休闲康养、园景营造为特色，打造成湖南省一流的城市植物园。

1.1.3　湖南省电力产业存在的问题

在湖南省发展改革委、省能源局指导下，由省能源规划研究中心编制的《湖南省能源发展报告 2020》（简称《报告》）正式发布。《报告》指出，湖南省能源对外依存度大，达到 81.2%。近年来，湖南省能源对外依存度（见图 1-4）一直处于高位运行态势，也侧面反映出湖南省能源保供的压力。

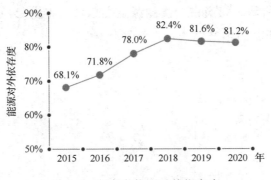

图 1-4　湖南省能源对外依存度

　　湖南省距离全国煤炭供应中心（内蒙古自治区、山西省、陕西省等）较远，在能源区位上，湖南省位于全国能源输送末端。加上受本地资源禀赋限制和煤炭去产能影响，能源保供压力较大。面对能源供不应求的问题，《报告》指出，改变以往"重供给侧、轻需求侧"的能源发展惯性，坚持源网荷储四侧发力、协调发展。重点加快已核准的 660 万千瓦火电厂建设，再力争新增 600 万千瓦以上煤电；加强与煤源地的战略合作，推进省内一批煤矿升级改造，提升年产能至 1650 万吨。湖南省能源消费情况如图 1-5 所示。

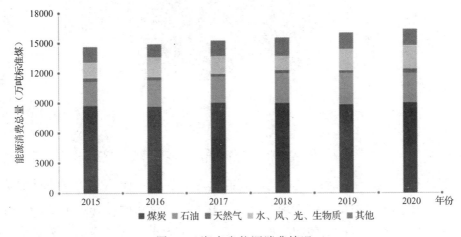

图 1-5　湖南省能源消费情况

　　同时，湖南省也在积极有序发展新能源，统筹风电、光伏发电开发力度与进度，创新开发方式，构建以新能源为主体的新型电力系统；大力引入省外优质低价能源，加强省内配套疏散通道建设，切实将外部资源转化为内生动力。

　　2015—2020 年湖南省新能源发电量及占比如图 1-6 所示。2020 年新能源发电量占湖南全省发电量的比重首次突破 10%。2015—2020 年湖南省一次能源生产结构如图 1-7 所示。煤炭占一次能源生产总量比重为 24.6%，同比下降 7.3 个百分点。湖南能源的生产结构正在持续优化。

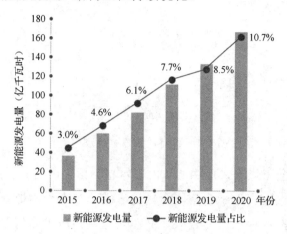

图 1-6　2015—2020 年湖南省新能源发电量及占比

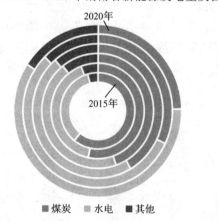

图 1-7　2015—2020 年湖南省一次能源生产结构

湖南省"十四五"能源规划在建火电厂达 5 个，共 10 台机组，装机规模为 932 万千瓦。在建项目机组均为大容量、高参数、低煤耗的先进机组，采用国内最先进的新型煤电技术和超低排放技术，发电效率、能耗指标、环保指标达到世界一流水平，并将在"十四五"期间建成投产。

"十二五"、"十三五"期间，湖南省可再生能源发展迅速，电力供需形势日趋紧张。基于湖南省煤电产业相对落后、电力平衡能力不足的现状，湖南省"十四五"能源规划突出煤电建设，加快煤电产业的更新迭代和提质升级。湖南省

"十四五"能源规划煤电项目投产之后，将进一步优化湖南省煤电结构，推动湖南省煤电产业进入高质量发展轨道。

纳入湖南省"十四五"能源规划的煤电机组具有较好的调节能力，具有新型电力系统特征并满足新能源发展的需要，以提供电力平衡为主，将电量平衡的空间让渡给可再生能源企业，以一种全新运营方式实现"双碳"目标。

1.2 本章小结

近年来，湖南省统调最大负荷逐年递增，2010 年湖南省电网统调最大负荷为 1685.0 万千瓦，到 2020 年湖南省电网统调最大负荷增长到 3307.8 万千瓦，"十二五"期间年均增速为 6.0%，"十三五"期间年均增速为 8.0%。其负荷曲线呈"W"形，全年明显存在夏季和冬季两个高峰。夏季负荷高峰一般出现在 7 月份或者 8 月份，冬季负荷高峰出现在 1 月份或者 12 月份。2010 年、2011 年、2013 年、2016 年、2017 年、2019 年和 2020 年湖南省最大负荷出现在夏季的 8 月份，而 2012 年、2014 年、2015 年和 2018 年受凉夏影响，全年最大负荷出现在冬季的 12 月份或 2 月份，此外年负荷曲线波动总体呈上升趋势，季不均衡系数在 0.79～0.85 范围内，其中 2017 年季不均衡系数最小，负荷分布最不均衡。

湖南省现有的调峰手段主要以火电等燃料机组为主，水电、天然气等可灵活调节机组匮乏。湖南省为促进新能源消纳、释放调峰空间，加大了对火电机组深度调峰改造的力度，但火电机组调峰空间有限且激励机制不完善，导致无法充分解决湖南省新能源消纳与负荷需求增长的矛盾。当电网负荷到达高峰期，若只依靠扩大发电机的装机规模来满足短时间的高峰用电需求，不仅所需费用较高，而且实现时间较长，很难及时解决现阶段存在的电能供需矛盾。将需求侧作为与供给侧相对等的资源参与到电网调峰中，并引导其主动跟踪新能源出力的波动，则是缓解上述矛盾最有效的方式。新能源预测偏差较大、负荷波动、机组故障时，缺乏灵活的调峰手段和充足的应急响应能力。与传统调峰资源相比，合理地利用需求侧资源有利于优化用电方式，降低电网调峰成本，实现电力行业的节能减排。

目前湖南省电网基于新能源消纳的调峰决策主要存在以下问题：

（1）新能源出力预测准确度低，预测偏差较大，导致现有调度决策方法难以保证新能源消纳需求；

（2）动态调峰手段单一，调峰能力严重不足，无法满足新能源消纳与负荷增长需求；

（3）分布式、智能化用电负荷的快速增长，现有调峰方法无法保证分散式负荷快速增长下系统峰谷运行安全；

（4）调峰方式的动态响应性差，调峰补偿机制不完善，导致调峰积极性差。

因此，针对湖南省新能源与用电负荷发展趋势与特点，亟须开展促进新能源消纳的湖南省电网多类型用户负荷调峰关键技术研究。

第 2 章
湖南省电网调峰现状

2.0 引言

随着电力系统用电负荷的持续快速增长，新能源的反调峰特性与出力的不确定性对电力系统的安全运行与新能源消纳提出更为严苛的要求。目前国内外针对新能源高渗透电网的消纳、调峰的研究主要着眼于三个方面：一是从新能源预测模型着手，通过提高新能源出力预测准确度来保证调度消纳的匹配性；二是建立多时间尺度的调度策略优化模型，引入不确定性模型来降低新能源波动对系统运行的影响力；三是利用现有系统中的柔性负荷、储能等调节手段来平抑新能源波动、提升新能源消纳空间。

目前针对新能源大规模并网后其不确定性带来的消纳、调峰困难等问题均有一定的研究基础，但受技术制约等因素影响，其调节手段单一、缺乏多方资源共同协调的动态响应，同时充分利用电网用户侧柔性需求响应的调度策略研究尚不充分。因此，用户侧调峰机制探索与研究重点在于挖掘大工业用户、一般工商业用户等的柔性需求响应能力，探索用户侧需求响应的价格引导与市场补偿机制的激励作用，充分调动用户侧需求响应的调峰积极性，这对解决湖南省新能源高渗透电网消纳问题有着重要意义。

国外学者针对用户侧需求响应参与电网清洁能源消纳的研究主要着眼于市场模型与多类型用户需求响应的协调控制。一方面研究市场中各类博弈模型的优劣，基于新能源不确定性，研究市场交易机制的决策与定价问题，探寻基于新能源可靠性等级的分段定价模型的最优报价，探索灵活负荷参与市场竞价的函数模型以及竞争模式对市场的影响；另一方面基于用户侧多类型用电负荷的差异性，确定用户激励型需求响应模式，考虑用电成本因素，构建含风、光、电动汽车、储能等多类型柔性负荷的调度决策模型，通过将需求响应作为灵活性资源，弥补系统供需偏差，提高调整灵活性，降低成本。

20 世纪 70 年代中期，为应对能源危机及日渐严重的环境问题，美国首次提出了需求侧管理的概念[5]。随着理论研究的不断深入及实践研究的不断推进，需求侧管理在理论与实际应用方面都取得了重大突破，带动了世界各国需求侧管理发展，并有效提高了各国能源利用效率。为了将需求侧管理技术应用到电力领域，美国提出了需求响应的概念[6]。需求响应是指当电力市场价格波动或电网运行可靠性受到威胁时，通过价格或激励政策引导用户改变其固有的用电习惯，减少或转移某时段的用电负荷[7]。

作为需求侧管理的一部分，相比于传统负荷控制，需求响应的实施方式与其存在一定的区别：传统负荷控制是指电力系统在合适的时候采用负荷控制装置主动切除电力供应，迫使用户削减部分电力需求或者将部分电力需求由负荷高峰时段转移至负荷低谷时段；而需求响应更注重发挥用户的主观能动性，让用户基于市场价格信号主动对所需负荷做出调整，从而实现市场的稳定性并提升电网的可靠性。

在观察到需求响应在电力领域的巨大潜力后，世界各国纷纷开展了相应的实践研究，并先后推出了相关政策与标准，以推动需求响应在电力系统中的发展与应用。其中，美国最先将需求响应应用到实际现实生活中，在 2005 年发布了《能源政策法案》，明确要求大力发展需求响应，在 2006 年和 2007 年均发布了需求响应年度报告，详细阐述了需求响应在实际中的实施效果[8]。根据用户响应方式的不同，需求响应年度报告建议把需求响应分成两种基本形式：基于激励的需求响应和基于价格的需求响应[9]，其技术结构如图 2-1 所示。目前，美国已在新泽西州、加利福尼亚州等 7 个地区的电力系统中陆续建立了需求响应项目，以充分发挥需求响应在电力系统中的作用。意大利在 2002—2005 年期间，在需求响应项目上累计投资了 21 亿欧元，通过应用需求响应，每年可以在负荷高峰时段提供 3000 MW 的削峰能力[10]。英国则根据自身国内情况，拟定了分时电价方案或与用户签署了可中断合同，以转移负荷高峰，保护电力系统安全、稳定运行[11]。

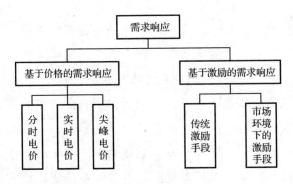

图 2-1　需求响应技术结构图

基于激励的需求响应是指实施机构通过出台确定性或时变性的政策激励用户制订合理用电计划，使得用户在高电价或者电力系统可靠性受到威胁的情况下能够立即做出响应并削减负荷[12]。这类需求响应可以认为是为了保证电力系统可靠运行而实施的供电中断行为，主要包括直接负荷控制、可中断负荷控制、需求侧竞价、紧急需求响应和容量/辅助服务计划等。在此类需求响应中，激励费率一般独立或叠加于现行电价之上，有电价折扣和切负荷赔偿等两种方式。一般来说，只有与需求响应实施机构签订相关合同的电力用户（简称用户）才能够参与此类需求响应项目。用电过程中的一些问题，例如负荷消费量和削减量的计算方法、激励费率以及违反合同时的惩罚措施等，都会在合同中详细指出。

基于价格的需求响应指的是用户在电价变化的情况下进行用电量的适当调整，避峰就谷地用电[13]。通常情况下用户这样做是为了尽可能地节省用电成本或者换取用电补偿，在具体的行为中包括分时电价、实时电价和高峰电价等情况。用户会根据自身的实际情况在高电价时段尽可能地减少用电或者将用电需求调整到低电价时段，目的是减少用电成本。选择此类需求响应的需求响应实施用户可以和需求响应实施机构签订一定的合同来规范相应的用电以及收费行为。

需求响应，简单来说就是通过电价或激励补偿等手段引导用户改变原有的用电方式和用电结构，将自身用电负荷在不同时段之间转移或在本时段内削减用电负荷，以达到调整并优化整体负荷曲线的目的。需求响应概念的提出，改变了过去仅仅依靠发电侧的发展来满足不断增长的用电需求，将需求侧作为供给侧的可替代资源参与到电网调峰中，可以缓解供需矛盾，提高电力系统运行经济性。

国内研究需求响应的时间较晚，目前还处于研究的起步阶段。但随着用电负荷的不断增大，以及新能源大规模并网后供需矛盾的不断激化，需求响应已成为国内研究热点之一，并且我国非常重视需求响应在电力系统中的实际应用，近年来相继推出了多项政策[14-15]。国内学者对用户侧资源的研究更偏重用户侧资源参与的形式以及价格对用户参与市场交易的影响，一方面深入研究用户侧需求资源，如高载能负荷、家居设备、储能、电动汽车、可控负荷参与市场竞争的形式及响应模型，建立用户侧资源的各类响应模型，探索用户侧资源的组合响应、用户侧资源与新能源的组合响应模式，研究以不同方式参与市场均衡调节的优劣；另一方面分析报价曲线对购电决策的影响，量化市场中的风险价值，基于激励价格的刺激作用构建需求响应模型，通过实时控制、分时电价等措施研究用户侧资源参与市场竞争控制策略。

我国从 2012 年开始对居民生活用电实行阶梯式递增电价，虽然有利于引导用户提高用电效率并强化节能减排意识，但仍然无法解决用电高峰时段的供需矛盾[16]，不能有效地缓解电力紧缺的局面。基于价格的需求响应策略更能公平而灵活地平衡供给侧与需求侧的成本关系，可以更加有效地发挥价格的杠杆作用，引导和鼓励用户改变原有用电习惯并响应调峰策略。

由于我国电力市场的特殊性以及需求响应支撑技术尚不完善，在用户侧实行实时电价和高峰电价存在一定难度，现阶段的电价以阶梯电价和峰谷分时电价为主。近年来，我国已在多地开展了峰谷分时电价政策的试点工作，用户可根据时段间的电价差水平并结合自身用电情况来选择负荷的削减时间以及负荷的削减量，电网可对自主响应调峰的企业给予一定程度的激励补偿。在实施分时电价的过程中，由于缺乏对用户响应进行有效、动态的跟踪，使制定的峰谷时段过于固定且电价差的激励程度不够，从而导致用户的参与度和积极性不高，不利于需求响应项目的开展。

近年来，山东、江苏、浙江、江西、河南、广东等多个省份纷纷开展电力需求响应工作，采用激励手段引导用户主动认购负荷指标，促进电力资源的优化配置[17]。需求响应配合电网削峰填谷有助于实现供需平衡调节。2016—2020年，国家电网有限公司经营区累计实施需求响应 125 次，其中削峰响应 86 次，填谷响应 39 次，实现削峰响应量达 1853 万千瓦，填谷响应量达 1925 万千瓦，极大缓解了用电高峰时段电网的供电压力。2019 年夏季高温天气下，江苏省实施需求响应削减高峰负荷达 402 万千瓦，刷新了单次需求响应最大削减负荷量的纪录。在南方电网经营区，广东省通过电力需求响应实现持续稳定削峰 80 万千瓦，通过市场化的方式解决电力紧平衡问题。据统计，2019 年华北、华中、华东地区各省最大负荷 95% 以上高峰持续时间仅为 7～60 h。单纯通过增加调峰机组和电网配套措施来满足高峰负荷需求会导致资源利用率低且经济性差，亟须创新调节机制，在用户侧采用需求响应等灵活措施来解决电网调峰问题。需求响应是促进新能源消纳的有力手段。需求响应能够缓解新能源发电与用电需求时域不匹配的矛盾，促进新能源消纳已成为需求响应的重要应用场景。2017 年 3 月，新疆电网通过需求响应平台邀约用户，响应负荷为 18 MW，响应电量为 30 MWh，是国内首次实现需求响应与风力发电协同互补，为探索需求响应促进新能源消纳提供了良好的应用实例。需求响应需要良好市场机制来支持其可持续发展，同时也促进了我国电力市场的建设与完善。山东省作为最早将市场机制引入需求响应的省份，建立了需求侧资源参与容量竞价与电能竞价的市场机制。2020 年 11 月，山东省电网分别实施了首次经济型填谷需求响应和紧急型填谷需求响应，累计响应负荷达 688 万千瓦，其中主动参与经济型填谷需求响应的负荷达 88 万千瓦，这充分体现了采用市场机制引导需求侧和发电侧协同配合的成效。广东省在最新的市场化需求响应实施方案中，需求响应费用由所有参与市场化交易的用户分摊。河北省和上海市在虚拟电厂实践方面走在我国前列，对大量分布式的电源和负荷资源进行聚合，为负荷侧资源参与电网调度提供了新的实现途径。国网上海电力有限公司在前期已经完成了需求响应的年度竞价工作，本次年度竞价交易品种更为丰富，除了基本型削峰、填谷响应，还增加了中长期削峰/填谷、日内削峰/填谷和快速削峰/填谷 6 种类型。竞价中还首次设置更加贴近电网实际需求的开关型、阶梯型、曲线型 3 种调用方式，用户可以根据自己的能源使用特性，自主选择被调用的方式，让实际响应负荷更为精准。

随着我国智能电网建设和电力市场化改革的不断推进，需求侧资源逐渐参与电力系统调度，并用于响应新能源出力，为消纳新能源提供一份灵活、有效的调峰资源。新能源具有反调峰特性，即用电负荷高峰时出力较少，用电负荷低谷时出力较多。由于缺乏灵活的调峰手段与调峰资源，所以只能在新能源出力高峰期进行弃用。如果能够有效引导用户参与需求响应，改变其用电行为，将用电负荷高峰时段的用电量转移至用电负荷低谷时段，即新能源出力高峰时段，这将消纳原本弃用的新能源，减少新能源的弃用。目前，在用户参与调峰机制研究方面，主要包括：基于电力需求价格弹性矩阵、基于消费者心理学以及基于统计学原理三类。文献[18]通过分析不同类型负荷的总体价格弹性、时间-价格弹性，建立了用户的满意度模型，并用充盈度和舒适度等指标反映用户满意度，从而建立了基于用户响应并考虑用户满意度的分时电价决策模型，但未从经济的角度考虑用户满意度。文献[19]分别研究了预测用电需求量和制定最优电价两方面的建模方法，分析了多种用电需求模型的特点，建议将多种模型组合使用，可以更准确地反映用户的用电需求量，但该方法只考虑了自弹性系数并没有考虑互弹性系数。文献[20]分析了电力市场结构对用电需求弹性的影响，并运用自弹性系数及互弹性系数构成的电力需求价格弹性矩阵来研究消费者的用电规律，研究表明电力需求价格弹性矩阵对电力调度和电价制定等起到了重要作用，但没有给出弹性系数的具体计算方法。文献[21]提出了一种电力需求价格弹性矩阵的简化计算方法，并通过算例给出了电力需求价格弹性矩阵的求取过程，研究表明该方法所求取的电力需求价格弹性矩阵能够反映电力市场中的用电需求量规律，但其根据电力需求价格弹性矩阵中元素的特征对电力需求价格弹性矩阵做了假设和简化，因此存在一定的误差。文献[22]基于离散吸引力模型，依据电力需求价格弹性矩阵的定义，推导出了自弹性系数和互弹性系数的计算公式，运用电力需求价格弹性矩阵并结合历史电力需求数据，可以预测未来时段不同分时电价下的用电需求。文献[23,24]提出的需求侧管理（DSM）是通过价格信号引导电力消费者采取合理的用电结构和方式的一种手段，在一些国家已经取得了一定成果。采用分时电价是 DSM 的重要途径之一，其中峰谷分时电价是分时电价的主要组成部分。峰谷分时电价的基本思想是体现电能在负荷高峰时作为短缺商品的价值，运用价格杠杆的作用引导用户的用电行为，提高电网安全性以及负荷率水平，引导用户根据自身生产方式的可调节性和利益改变用电方式，进而影响电力系统负荷。峰谷分时电价的核心是合理地确定峰谷分时电价水平，提供充足有效的价格信号。一方面，峰谷分时电价比太高将导致用户对电价响应过度，使峰谷时段产生了较大的漂移，甚至产生峰谷倒置，在调峰失败的同时令电网经济利益受损；峰谷分时电价比太低又会使用户响应不足，无法达到峰谷分时电价制定的预期效果。因此，有效地测量和量化用户对峰谷分时电价的响应是十分必要的。另一方面，在制定峰谷分时电价时应充分考虑用户对该政策的满意度，较高的峰谷分时电价比虽然可以引起用户的充分响应，达到削峰填谷的目的，但会导致用户对该项政策的满意度下降，甚至会影响电力公司的社会形象。因此，制定合理的峰谷分时电价应充分考虑用户的响应和满意度双重因素，寻找二者以及其他系统目标之间的均衡点。文献[25]定性地提出了峰谷分时电价的大用户响应的经济计量模型，但未能给出定量的描述。文献[26]提出了一种含有用户对分时电价反应度分析的分时电价模型，得到了最优化的峰谷时段划分及其相应的峰谷分时电价制定方法，但没有考虑用户满意度。文献[23]采用统计学原理，通过分析峰谷电价历史数据建立了用户的电价响应矩阵，从用电方式和电费支出两方面衡量用户满意度，建立了电价决策模型，但这一方法需要大量的数据进行统计说明。

文献[27]根据电力需求价格弹性矩阵的理论分析了用户用电量随电价的变化情况，从而建立了用户的峰谷分时电价响应模型。以峰谷差最小为目标，考虑保证用户利益且峰谷分时电价比在一定范围内等约束条件，建立了峰谷分时电价的有约束非线性规划模型。文献[28-29]针对风电等新能源充裕地区电力负荷总体水平较低、峰谷差大、调峰电源不足等问题，提出了风电能源上网分时段销售电价划分方法。文献[30]提出了一种通过需求侧管理激励负荷侧的高载能企业参与调峰，提高了系统风电消纳能力的错峰峰谷分时电价机制。文献[31]通过分析峰谷分时电价及其作用机理，以价格作为经济杠杆，建立了基于风电消纳的峰谷分时电价综合收益模型。文献[32]通过研究峰谷分时电价实施机制，综合考虑发电侧、电网侧、用户侧利益，并将用户侧利益不受损作为约束条件，构建了以风电消纳量最大和电网侧、发电侧收益最优的多目标优化模型。文献[33]考虑柔性负荷响应过程中的不确定性，建立了计及不确定性的可转移、可削减负荷的响应模型，然后从日前、日内、实时等多时间尺度建立了风电、柔性负荷和传统机组协调调度优化模型，算例结果表明，考虑负荷响应不确定性以及多时间尺度优化调度，能够有效改善新能源消纳空间，降低系统调度成本。文献[34]基于多时间尺度的风电误差特性和负荷调度潜力，设计了 4 个时间尺度的调度策略，从而减少了风电的不确定性对调度决策的影响，并充分利用了多时间尺度上的负荷资源。文献[35]根据提前通知时间的不同，将激励型 DR 分为 4 类，在日前、日内、实时 3 个时间尺度上进行了优化配置，以实现社会福利的最优。文献[36]建立了"日前、实时"的两阶段决策模型，在 2 个时间尺度上协调优化可再生能源和负荷侧资源。上述文献为充分利用柔性负荷的多时间尺度特性提供了良好的研究基础，但这些研究均建立了确定性的 DR 模型并参与调度，而忽视了实际响应的不确定性。用户对激励水平的实际响应程度有较大的不确定性[37]，采用确定性的 DR 模型已经不能满足智能用电协调运行需要[38]，考虑不确定性的 DR 模型及策略的相关研究正在逐渐成为热点。为了应对不确定性对电网调度运行的影响，电力系统需要留有额外的可调备用容量[39]。文献[40]在基于消费者心理学模型的基础上构建了价格型 DR 的响应量模型，以模糊参量表征实际响应量。文献[41]将实际响应量看成随机变量，并考虑权重约束，建立了随机优化模型来应对响应的不确定性。文献[42]受文献[43]中的用户负荷削减量响应曲线模型启发，建立了用于表征用户参与率不确定性的线性模型。上述研究均从日前调度的角度分析了不确定性的影响，尚未考虑将其纳入多时间尺度调度模型中，并且只考虑价格型 DR 的不确定性，而认为激励型 DR 的不确定性可以忽略。文献[44]从多时间尺度决策的角度提出了一种刚性约束和弹性约束相结合的激励机制，建立了激励型 DR 的不确定性模型，但只从管理方式的角度对 DR 进行分类，未考虑到柔性负荷在响应量和响应速度方面更为丰富的区别。文献[45]综合考虑人体舒适度以及可削减、可转移等柔性负荷的需求响应能力，建立了一种综合能源协调优化调度模型，算例结果表明，该模型能有效促进新能源的就地消纳。文献[46]通过构建包含储热、热电联产和 DR 资源的综合电热系统调度模型，提出了风电消纳日前、日内两阶段调度方法：在日前调度阶段，机组、储热装置以及电价型 DR 配合消纳风电预测短期出力；在日内调度阶段，机组以及激励型 DR 配合消纳风电预测超短期出力。文献[47]综合考虑新能源出力预测误差及负荷 DR 的特点，构建了包含日前、日内和实时三个阶段的含风电的电力系统多时间尺度调度模型，以提高电力系统的风电消纳能力，降低弃风量。文献[48]以平移负荷波动和降低车主电费为目标，通过价格机制引导电动汽车入网，同时协调优化发电侧资源的风电消纳，建立了考虑 DR 的风电-电动汽车协同调度的多目标优化模型。文献[49]通过分析可中断负荷（IL）的不确定性，同时考虑固定补偿成本和不确定性成本，提出了基于风险评估和机会约束的不确定性 IL 优化决策方法。文献[50]采用三角模糊函数描述负荷响应率、负荷预测以及风电出力的不确定性，构建了电力系统日前模糊优化调度模型。文献[51]基于虚拟电厂内部主体存在的产权独立性，以及电价竞标与电量竞标存在的先后行动次序，应用斯塔克尔伯格

（Stackelberg）动态博弈理论，建立了虚拟电厂竞标问题的动态博弈模型。文献[52]提出了一种价格型需求响应的不确定性模型，以反映用户需求响应过程中的不确定性，然后建立了一种配电网主从博弈经济调度模型，通过优化配电网侧的实时电价策略，以及用户侧的需求响应策略，可有效提高风电消纳能力。

此外，除了利用峰谷分时电价政策激励用户参与系统调峰，促进新能源消纳，还可以利用储能、电动汽车等灵活资源参与系统调峰。储能、电动汽车等资源具有灵活、快速存放特性，可以平抑新能源的出力波动，提升新能源的利用率。文献[53]引入储气、储热等设备，考虑电动汽车运行方式对新能源消纳的影响，构建了多能源园区日前调度优化模型，通过仿真验证了所提模型的有效性，可提高园区高比例新能源的消纳。文献[54]建立热电联供（CHP）模型，利用储热装置解耦热电关系，提出了促进可再生能源消纳的优化方法。文献[55]为提高能源耦合利用率，从电转气（P2G）两阶段运行入手，构建了含 P2G 的热电联产变效率模型。文献[56]中 P2G 的耗电功率由弃风功率提供，直接消纳弃风功率。文献[57]引入储热设备且用储热因子描述储热设备的状态，进而给出了一种分层优化调度策略。文献[58]考虑供能管网和储能水罐的储能特性，建立了工业园区多能源系统日前优化调度模型。虽然在多能源园区中引入 CHP、P2G 等能源耦合设备能有效促进高比例新能源的消纳，但各耦合设备的潜能还可以进一步挖掘。文献[59]采用电动汽车与地源热泵协同作用促进风电消纳。文献[60]从供需平衡和多能互补的角度出发，研究电动汽车的接入对园区经济性的影响。另一方面，随着需求响应技术的不断成熟，需求响应逐渐成为增加高比例新能源消纳的有效手段。文献[61]采用电力需求价格弹性矩阵来表示电价变化率对负荷变化率的影响，进而建立了电价型需求响应模型。文献[62]建立了包含可转移可中断电负荷、可转移不可中断电负荷、灵活的热负荷和冷负荷等多类型负荷的综合需求响应模型。文献[63]为促进电网和气网的协调调度运行，建立了气电联合需求响应。文献[64]给出了一种以储碳设备为枢纽连接碳捕集电厂和 P2G 的灵活运行模式。文献[65]挖掘富氧燃烧技术对综合能源系统低碳排放的优势，以综合成本最小为目标建立了系统低碳经济调度模型。文献[66]考虑了电动汽车储能特性以及灵活可调特性，建立了考虑风电消纳的电动汽车负荷优化配置模型，通过改变电动汽车的充放电策略，改善用户负荷特性，提升新能源消纳。

为进一步优化调峰决策市场，提高需求响应积极性，推动用户侧参与的调峰市场建设，必须研究用户参与调峰潜力评价指标体系、量化用户调峰任务完成情况。文献[67]从风电并网管理成效、经济效益与社会效益三方面，研究影响风电并网管理效益的各影响因子，构建了风电并网管理三级指标体系，以及基于熵值-物元可拓法的风电并网管理综合评价模型。文献[68-69]提出了可再生能源系统化发电成本的系统平准化电费（LCOE）的概念，定义该成本包含平准化发电成本和系统并网成本，系统并网成本包括平衡成本、资源配置成本和电网成本，并从成本和市场价值的角度对其进行了核算，可以预估可再生能源的并网成本随着可再生能源渗透率的提高而上升。文献[70]基于层次分析法提出了风电并网条件下供电系统安全评估方法。文献[71]综合分析了新能源发电并网对我国能源结构与电源结构的影响，将最小化发电成本与污染物排放量作为规划目标函数，建立了新能源与能源结构优化模型。文献[72]基于协调发展的基本理论，从电力系统发电、电网、用电、调度四个环节，构建了新能源与智能电网协调发展评价指标体系。文献[73]基于熵权属性识别理论方法，将系统煤耗、煤电机组煤耗、可再生能源并网系数、弃风率和电网负荷率作为系统调峰方案的五大能效评价指标，建立基于熵权属性识别的区域系统调峰能效评价模型，并应用于北方某区域电网调峰能效评价，从系统能效评价结果与政府监管的角度，提出了相关政策及建议。

2.1 湖南省电网调峰需求现状

2.1.1　负荷峰谷差分析

如图 2-2 所示，在"十三五"期间，随着湖南省经济形势的好转和夏季高温天气的影响，全省负荷快速增长，到 2020 年全省全社会最大负荷达 3940 万千瓦，2016—2020 年年均增长 8.3%。"十三五"调度负荷增长加快，到 2020 年全省调度最大负荷达 3332 万千瓦，2016—2020 年年均增长 8.6%。全省调度最小负荷逐步提升，至 2020 年提升至 870.5 万千瓦，2016—2020 年年均增长 8.0%。

将每月的最大负荷平均值比上当年的年最大负荷，作为月最大负荷系数；将每月的最小负荷平均值比上当年的年最大负荷，作为月最小负荷系数。从负荷系数图可看出，湖南省每月的最大负荷受气温影响较大。如图 2-3 所示，近五年，冬季和夏季的最大负荷系数平均在 0.8 左右，春节和秋季的最大负荷系数平均在 0.6 左右。如图 2-4 所示，近 5 年年最小负荷系数在 7—8 月份和 12 月份偏大，春季偏低，最低出现在 2 月份，秋季时段最小负荷系数平均值为 0.4，较为平稳。

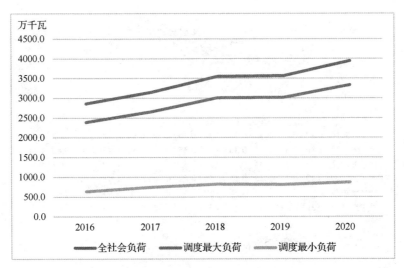

图 2-2　湖南省 2016—2020 年负荷变化情况

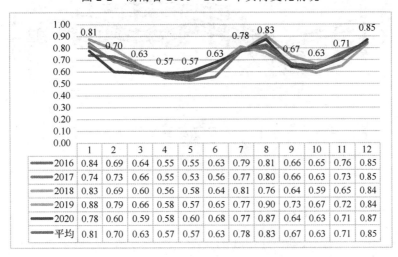

图 2-3　2016—2020 年月最大负荷系数图

	1	2	3	4	5	6	7	8	9	10	11	12
2016	0.84	0.69	0.64	0.55	0.55	0.63	0.79	0.81	0.66	0.65	0.76	0.85
2017	0.74	0.73	0.66	0.55	0.53	0.56	0.77	0.80	0.66	0.63	0.73	0.85
2018	0.83	0.69	0.60	0.56	0.58	0.64	0.81	0.76	0.64	0.59	0.65	0.84
2019	0.88	0.79	0.65	0.58	0.57	0.65	0.77	0.90	0.73	0.67	0.72	0.84
2020	0.78	0.60	0.59	0.58	0.60	0.68	0.77	0.87	0.64	0.63	0.71	0.87
平均	0.81	0.70	0.63	0.57	0.57	0.63	0.78	0.83	0.67	0.63	0.71	0.85

据统计，每日最大负荷出现在 11 时至 14 时的情况占全年的 15%，出现在 18 时至 21 时的情况占全年的 83.9%，最小负荷均出现在 3 时到 6 时。

对近五年的 8760 数据进行平均处理，可得出每个月的典型日负荷曲线，如图 2-5 所示，均呈现"M"型态势，春季（3—5 月份）一天的负荷变化较为平缓，冬季（1—2、12 月份）昼夜负荷落差较大。总体来看，7—8 份月负荷整体偏高，3—5 月份负荷整体偏低。

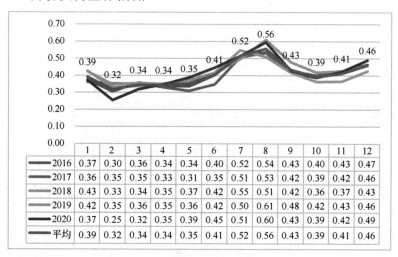

	1	2	3	4	5	6	7	8	9	10	11	12
2016	0.37	0.30	0.36	0.34	0.34	0.40	0.52	0.54	0.43	0.40	0.43	0.47
2017	0.36	0.35	0.35	0.33	0.31	0.35	0.51	0.53	0.42	0.39	0.42	0.46
2018	0.43	0.33	0.34	0.35	0.37	0.42	0.55	0.51	0.42	0.36	0.37	0.43
2019	0.42	0.35	0.36	0.35	0.36	0.42	0.50	0.61	0.48	0.42	0.43	0.46
2020	0.37	0.25	0.32	0.35	0.39	0.45	0.51	0.60	0.43	0.39	0.42	0.49
平均	0.39	0.32	0.34	0.34	0.35	0.41	0.52	0.56	0.43	0.39	0.41	0.46

图 2-4　2016—2020 年月最小负荷系数图

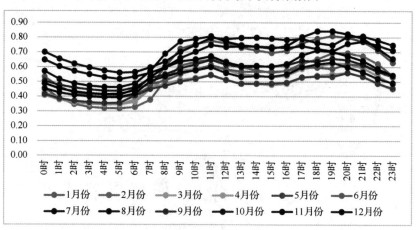

图 2-5　2016—2020 年典型日负荷系数图

取每日中午时段 11:00—13:00 的负荷为腰荷，图 2-6 所示为近五年的月平均腰荷系数，从图中可看出，主要受气温影响，1 月份、7—8 月份、12 月份，腰荷系数较高，第三产业和居民生活用电负荷占比高；2 月份、6 月份、9 月份、11 月份腰荷系数偏高，腰荷系数在 0.62 左右；春季 3—5 月份及 10 月份腰荷系数偏低，在 0.54 左右。

从近五年的数据比较来看，图 2-7 所示的逐年月平均腰荷系数呈"W"形，其趋势逐年明显，这主要和用电结构占比有很大关系，第二产业用电量占比逐年减少，第三产业和居民生活合计用电占比由 2016 年的 42.1%增至 2020 年的 45.7%。全年明显存在夏季和冬季两个高峰，夏季腰荷最大值出现在 7 月份或 8 月份，冬季腰荷最大值出现在 1 月份或者 12 月份。2016 年、2017 年、2019 年、2020 年最大腰荷出现在夏季的 8 月份，2018 年受凉夏影响，全年最大腰荷出现在冬季的 1 月份。

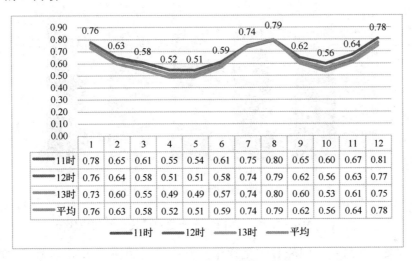

	1	2	3	4	5	6	7	8	9	10	11	12
11时	0.78	0.65	0.61	0.55	0.54	0.61	0.75	0.80	0.65	0.60	0.67	0.81
12时	0.76	0.64	0.58	0.51	0.51	0.58	0.74	0.79	0.62	0.56	0.63	0.77
13时	0.73	0.60	0.55	0.49	0.49	0.57	0.74	0.80	0.60	0.53	0.61	0.75
平均	0.76	0.63	0.58	0.52	0.51	0.59	0.74	0.79	0.62	0.56	0.64	0.78

图 2-6　近五年的月平均腰荷系数图

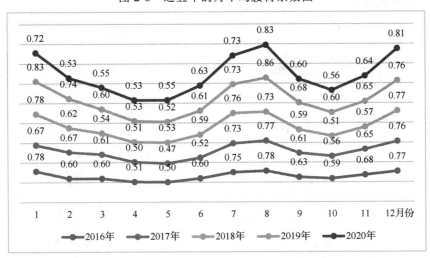

图 2-7　逐年月平均腰荷系数图

随着经济结构的调整，湖南第三产业和居民生活用电占比稳步上升，而第二产业用电占比持续下降，2016—2020 年第二产业用电占比下降了 3.3 个百分点，第三产业和居民生活用电占比合计提高了 3.6 个百分点，如图 2-8 所示。其中第二产业用电负荷大而平稳,第三产业和居民生活用电负荷受气温影响大。湖南省的气候有冬寒冷夏酷热、春夏多雨、秋冬干旱的特点，气候年内与年际变化大，受用电结构调整影响，空调负荷的增加使湖南省电网峰谷差不断拉大，负荷特性指标逐年恶化，近年最大峰谷差率排国网系统前列。

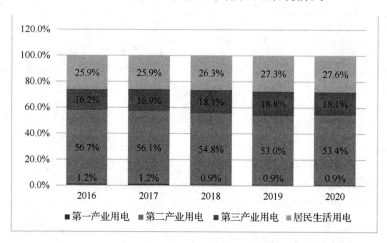

图 2-8 2016—2020 年湖南三次产业和居民生活用电比重

近年来，湖南省电网峰谷差呈逐年上升趋势，2016—2020 年湖南省电网峰谷差情况见表 2-1。

表 2-1 2016—2020 年湖南省电网峰谷差情况统计表

指 标	2016 年	2017 年	2018 年	2019 年	2020 年	变 化 趋 势
年最大峰谷差/万千瓦	1363	1244	1502	1604	1550	逐年递增
年最大峰谷差率	63.3%	61.1%	60.5%	63.6%	63.4%	—
年平均峰谷差/万千瓦	704	757	833	908	933	趋势递增
年平均峰谷差率	41.6%	41.5%	40.2%	40.9%	40.4%	—

受气温影响，2016—2020 年湖南省电网负荷特性总体情况见图 2-9。大于最大负荷 90%的天数均出现在上年 12 月份至当年 2 月份的冬季时段及 7—8 月份的夏季时段；小于年最小负荷 90%的天数均出现在春节期间，2020 年因受疫情影响，2 月份大部分产业停工停市，出现低负荷的情况较严重；大于年最大峰谷差 90%的天数均出现在冬季时段，占全年天数的 4.5%左右。

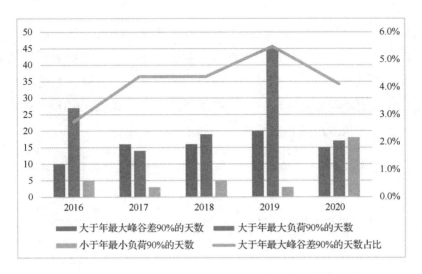

图 2-9　2016—2020 年湖南省电网负荷特性总体情况图

以 2016—2020 年湖南省全省负荷数据为基础，重点分析丰水期（3—5 月份）小方式和大方式全省负荷特征，具体结果见表 2-2 和表 2-3。

表 2-2　湖南省全省丰水期小方式低谷负荷特征

湖南省全省/年份	2020 年	2019 年	2018 年	2017 年	2016 年
年最大负荷/万千瓦	3332.0	3017.0	3008.3	2658.6	2391.8
丰水期小方式低谷负荷/万千瓦	1060.6	994.0	948.1	796.1	836.9
丰小占比	32%	33%	32%	30%	35%

表 2-3　湖南省全省丰水期大方式负荷特征

湖南省全省/年份	2020 年	2019 年	2018 年	2017 年	2016 年
年最大负荷/万千瓦	3332	3017	3008.3	2658.6	2391.8
丰水期大方式低谷负荷/万千瓦	1408.2	1217.2	1254.1	1043.3	1005.1
丰大占比	42%	40%	42%	39%	42%

2.1.2　新能源发电对调峰需求的影响

2.1.2.1　新能源装机规模情况

近年来，湖南省电网风电、光伏发电装机规模增长迅猛，合计装机规模由 2016 年的 246.2 万千瓦增长至 2020 年的 1059.8 万千瓦，年均增长 44%，其中，风电装机规模增长至 669.1 万千瓦，年均增长 32.6%，占全网装机规模的 13.4%。

光伏发电装机规模增长至 390.7 万千瓦，年均增长 90.8%，占全网装机规模的 7.8%。湖南省电网火电占比不足 50%，水电占比偏高，风电和光伏发电占比达到 21.2%，主汛期水电出力大，加上风电出力的反调峰特性，系统调峰能力严重不足，丰水期调峰能力难以满足新能源全额消纳的需求。2016—2020 年湖南省电网风电、光伏发电装机规模统计表如表 2-4 所示。

表 2-4　2016—2020 年湖南省电网风电、光伏发电装机规模统计表

单位：万千瓦

项　　目	2016 年	2017 年	2018 年	2019 年	2020 年
风电	216.7	263.5	347.9	427	669.1
光伏发电	29.5	175.7	292.3	343.9	390.7
合计	246.2	439.2	640.2	770.9	1059.8

2.1.2.2　风电出力特性分析

1）年出力特性

根据历史统计数据，湖南省春季一般是风电出力较大时期，与湖南省水电主汛期（3—5 月份）相重叠。2018—2020 年湖南省风电月平均出力率曲线如图 2-10 所示：2018 年风电月平均出力较高的月份为 2—5 月份。2019 年最大出力和平均出力较高的为 2 月份、3 月份、4 月份和 11 月份、12 月份。与 2018 年相比，2019 年湖南省来水较好，弃风现象较往年严重，对风电出力有一定程度的影响。

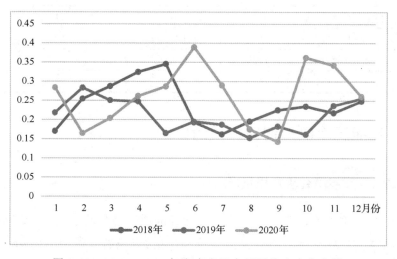

图 2-10　2018—2020 年湖南省风电月平均出力率曲线

2020 年，风电月平均出力较高的时期为 4—7 月份以及 10—11 月份，4—5 月份由于来水偏枯，同时采取了扩需增发鼓励低谷用电政策，因此没有发生弃风现象。6—7 月份低谷负荷水平上升，风电月平均出力达到较高水平。2—3 月份出力较低，原因是受疫情导致负荷下降，且全省来水偏多，导致大量弃风。2018—2020 年湖南省风电月最大出力率曲线如图 2-11 所示。

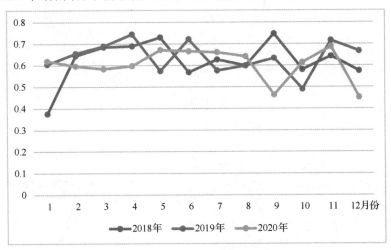

图 2-11　2018—2020 年湖南省风电月最大出力率曲线

2）日出力特性

风电日均出力率曲线呈"凹"字形，夜晚风电出力大，白天风电出力小。一天内，风电出力最大时刻一般在 21 点至次日 7 点之间，风电出力最小时刻一般在 11 点至 15 点之间。2018—2020 年湖南省风电季度日均出力率曲线分布如图 2-12 所示。

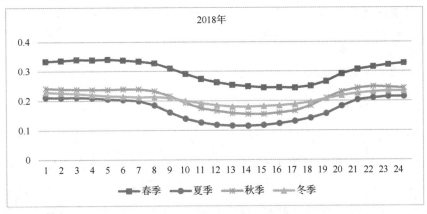

图 2-12　2018—2020 年湖南省风电季度日均出力率曲线

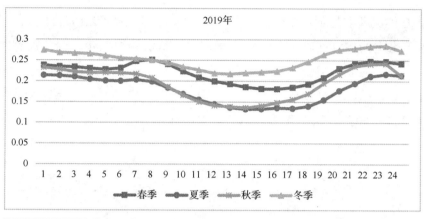

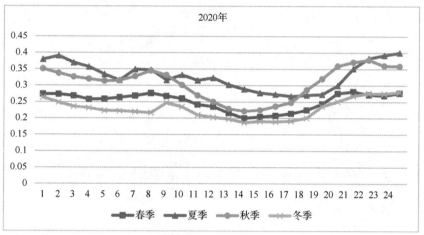

图 2-12　2018—2020 年湖南省风电季度日均出力率曲线（续）

由图 2-12 可见，2018 年日均出力最大的发生在春季，最小的发生在夏季，夏季出力为春季出力的 50%左右。2019 年日均出力最大的发生在冬季，最小的发生在夏季，夏季出力为冬季出力的 40%左右。2020 年日均出力差距较小，最大的发生在夏季，最小的发生在冬季，冬季出力为夏季出力的 50%左右。

2.1.2.3　光伏发电出力特性分析

1）年出力特性

从 2019 及 2020 年湖南省光伏发电月最大出力图（见图 2-13 和图 2-14）可知，光伏发电出力具有一定的季节性，2019 年全省光伏发电在 3 月份、4 月份、9 月份出力水平最高，可达装机规模的 90%以上；5—8 月份、10—11 月份光伏发电出力水平较高，维持在装机规模的 80%～90%；2 月份出力最小，仅为装机规模的 60%左右。2020 年全省光伏发电在 8 月份、9 月份、11 月份出力水平最高，可达装机规模的 90%以上；6—7 月份、10 月份、12 月份光伏发电出力水平较高，维持在装机规模的 80%～90%；1 月份出力最小，仅为装机规模的60%左右。

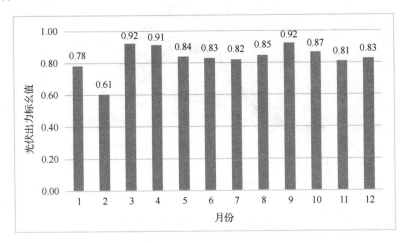

图 2-13　2019 年湖南省光伏发电月最大出力图

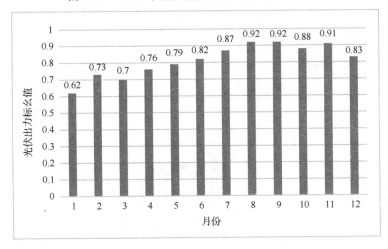

图 2-14　2020 年湖南省光伏发电月最大出力图

2）日出力特性

光伏发电日均出力曲线的最大出力一般出现在 12—14 时之间，略微滞后于湖南省电网白天负荷高峰时刻，11—15 时保持较高水平出力。如图 2-15 所示，从 2019 年各月份来看，月度日均最大出力水平最高的为 7—9 月份，日均最大出力在装机规模的 60%～70%；月度日均最大出力水平较高的为 3—6 月份、10

—12 月份，月度日均最大出力在装机规模的 40%～50%；日均最大出力水平较低的为 1—2 月份，日均最大出力仅为装机规模的 20%左右。

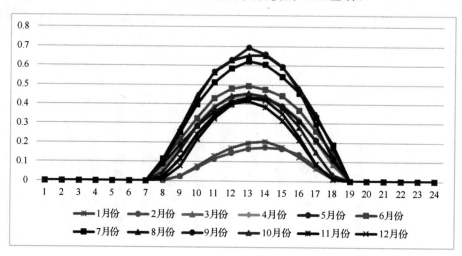

图 2-15　2019 年光伏月度日均出力曲线

如图 2-16 所示，从 2020 年各月份来看，月度日均最大出力水平最高的为 7—8 月份和 4—5 月份，日均最大出力在装机规模的 50%～60%；月度日均出力水平较高的为 6 月份、9—12 月份，月度日均最大出力在装机规模的 40%～50%；日均最大出力水平较低的为 1—3 月份，日均最大出力仅为装机规模的 20%～30%。

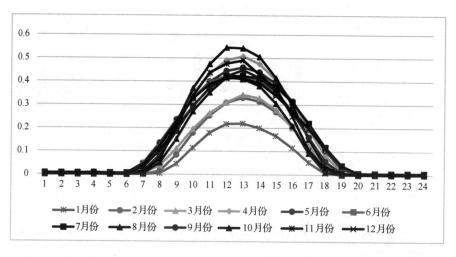

图 2-16　2020 年光伏发电月度日均出力曲线

从时段来看,午间出力一般是一天中的最高值;从季节来看,夏季出力较高,春秋季出力相当,冬季出力较少。

2.2 湖南省电网调峰能力现状

2.2.1　火电机组调峰能力

截至 2020 年年底,湖南省火电装机规模为 2208 万千瓦,占总装机规模的 44.3%,并入省网的大型燃煤火电机组共计 39 台,30 万千瓦级及以上机组合计规模为 1835.5 万千瓦,占火电总装机规模的 83.1%。2020 年火电机组频繁启停调峰和深度调峰,1—12 月全省火电启停调峰 13 次,深度调峰 7204 台次,如表 2-5 所示,同比增加 32.57%,最大深度调峰幅度 228.3 万千瓦,同比增加 46.9%。

表 2-5　2020 年火电机组调峰情况表

月　　份	1	2	3	4	5	6	7	8	9	10	11	12
深度调峰/台次	907	145	275	367	370	296	577	224	1295	1065	1019	664
启停调峰/台次	3	0	0	0	4	1	2	0	1	2	0	0

随着湖南省风电、光伏发电等新能源的迅速发展,为尽可能多地消纳新能源,火电需频繁启停或长期低负荷运转,导致运行成本增加,再加上省内辅助服务的机制不够完善,火电灵活性改造完成率和积极性不高,导致电网调峰能力不足,火电利用小时数偏低,生存压力加大。

火电深度调峰不仅受最小技术出力限制,在实际运行中还受煤质、煤价、气候、运输条件等诸多因素制约,这导致深度调峰成本高,调峰保证率也存在不确定性。图 2-17 统计分析了 2015—2020 年湖南省火电季节性深度调峰统计情况,全年综合调峰率约为 50%。

春季一般是风电平均出力较大时间,与湖南省水电主汛期(3—5 月份)相重叠,风电和水电量同时增大,与此同时,湖南省丰水期电网负荷在年负荷中处于低位,为尽可能多地消纳新能源,需要火电机组深度调峰或启停调峰。

夏、冬两季随着空调负荷比重的增长,日峰谷差率呈上升趋势,当负荷峰谷差低于火电机组的调整范围时,将导致部分火电机组需频繁启停和深度调峰。

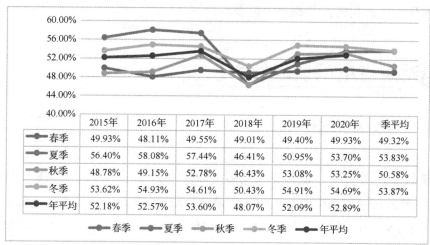

	2015年	2016年	2017年	2018年	2019年	2020年	季平均
春季	49.93%	48.11%	49.55%	49.01%	49.40%	49.93%	49.32%
夏季	56.40%	58.08%	57.44%	46.41%	50.95%	53.70%	53.83%
秋季	48.78%	49.15%	52.78%	46.43%	53.08%	53.25%	50.58%
冬季	53.62%	54.93%	54.61%	50.43%	54.91%	54.69%	53.87%
年平均	52.18%	52.57%	53.60%	48.07%	52.09%	52.89%	

图 2-17　2015—2020 年火电季节性深度调峰统计情况

2.2.2　水电机组调峰能力

2010—2020 年湖南省水电装机及平均利用小时数如表 2-6 所示，其中具备日调节能力及以上的水电站总装机规模为 978.8 万千瓦，占水电总装机规模的 59.4%，具有多年调节能力的大型水电站有东江、三板溪及涔天河水电站等，总装机规模为 174.8 万千瓦，占水电总装机规模的 10.6%；具有年及不完全年调节能力的水电站有江垭、皂市、柘溪、托口水电站，总装机规模为 230.4 万千瓦，占水电总装机规模的 14%。

表 2-6　2010—2020 年湖南省水电装机规模及平均利用小时数

年份	2010 年	2011 年	2012 年	2013 年	2014 年	2015 年	2016 年	2017 年	2018 年	2019 年	2020 年
常规水电装机规模/万千瓦	1239	1287	1319	1390	1501	1549	1568	1582	1610	1624	1590
抽水蓄能电站装机规模/万千瓦	120	120	120	120	120	120	120	120	120	120	120
平均利用小时/小时	3118	2342	3169	2994	3246	3427	3593	3161	2696	3384	3659

注：枯水年为 2600～2900 小时，平水年为 2900～3300 小时，丰水年为 3300 小时以上。

通过分析 2010—2020 年的湖南省水电在逐月最大负荷日当天的出力情况，比上当月的装机规模，得出的逐月出力约束近似为预想出力；平均出力考虑每年逐月实际的发电量；强迫出力考虑水电在逐月最小负荷日当天的出力情况。按每年水电的平均利用小时数划分丰、平、枯水年，综合得出了湖南省电网水电预想、平均、强迫逐月出力约束，如表 2-7 所示。

表 2-7　湖南省电网水电预想、平均、强迫逐月出力约束

月份	枯水年水电出力			平水年水电出力			丰水年水电出力		
	预想出力	平均出力	强迫出力	预想出力	平均出力	强迫出力	预想出力	平均出力	强迫出力
1	0.5459	0.1839	0.1366	0.4699	0.2092	0.1109	0.5401	0.2279	0.1348
2	0.4605	0.2919	0.0934	0.4207	0.3343	0.0906	0.5553	0.3662	0.1589
3	0.4316	0.2965	0.1078	0.4436	0.3565	0.1565	0.5881	0.388	0.2648
4	0.4708	0.3888	0.139	0.6146	0.4581	0.3902	0.5767	0.4825	0.3706
5	0.5787	0.4432	0.3147	0.6667	0.4911	0.4529	0.6313	0.5659	0.4703
6	0.6653	0.481	0.2787	0.7124	0.5274	0.4964	0.7335	0.5912	0.5471
7	0.6178	0.4617	0.2731	0.6256	0.5088	0.3321	0.6671	0.5812	0.4608
8	0.4603	0.2868	0.1353	0.465	0.3145	0.1211	0.5434	0.4569	0.2128
9	0.4543	0.2378	0.1399	0.4466	0.2578	0.178	0.4596	0.4205	0.2273
10	0.3383	0.2672	0.1123	0.3629	0.2994	0.1198	0.3627	0.3467	0.1421
11	0.3891	0.1837	0.091	0.2963	0.2433	0.0828	0.4502	0.2859	0.1544
12	0.4091	0.158	0.0826	0.4699	0.1812	0.0899	0.5401	0.1927	0.1259

由于降水量在年内、年际分配不均匀，导致水电发电能力不稳定，与此同时，年度内降水具有明显的季节性，径流量与降水量主要集中在每年的 4—7 月份，这 4 个月的径流量一般占年径流量的 50%～70%，而其他 8 个月则属于枯水季节，水资源相对不足，水能出力受限。

从各月水电出力情况来看，汛期 5—7 月份出力较大，6 月份达最大值，预想出力范围在 66.5%～73.4%之间，平均出力范围在 48.1%～59.1%之间，强迫出力范围在 27.8%～54.7%之间。8 月为湖南省电网负荷最大月份，预想出力范围在 46%～54.3%之间，平均出力范围在 28.7%～45.7%之间，强迫出力范围在 12.1%～21.3%之间。

从调峰能力来看，枯水年的出力范围在 8.3%～66.5%之间，平水年的出力范围为在 8.3%～71.2%之间，丰水年的调节范围在 12.6%～73.4%之间。

2.2.3　风电机组调峰能力

　　据统计，湖南省每日负荷曲线呈现"M"形的双高峰特征，午高峰一般出现在 11—13 时，晚高峰出现在 19—21 时，低谷时段一般在 4—6 时。根据 2018—2020 年风电在负荷午高峰、晚高峰以及低谷负荷时段的出力范围，将其定义为风电保障出力系数，如图 2-18 所示。在负荷午高峰时刻，风电平均出力在 20%以下的占比超过 60%；在负荷晚高峰时刻，风电平均出力在 20%以下的占比为50%左右；在负荷低谷时刻，风电最大出力能达到 70%左右，风电平均出力在20%~40%之间的占比为 50%左右。由此可知，风电具有反负荷特性，且随着装机规模的递增，反负荷特性越明显。

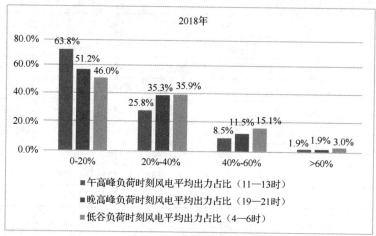

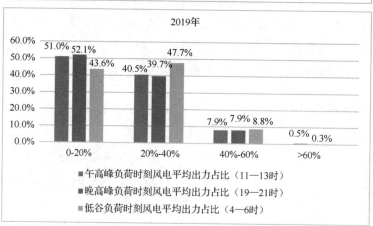

图 2-18　2018—2020 年风电保障出力系数

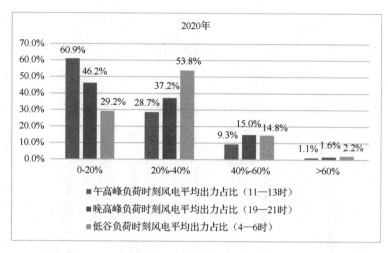

图 2-18　2018—2020 年风电保障出力系数（续）

1）风电反调峰特性

统计分析 2016—2020 年每日最大、最小负荷时段风电出力值，若两者出力差值为负则表示当天风电具有反调峰特性，导致当日调峰压力进一步加剧。通过统计分析，2016—2020 年风电反调峰天数平均达到 195 天，占全年总天数的 50%以上，如图 2-19 所示。

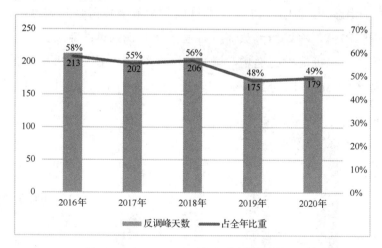

图 2-19　2016—2020 年风电反调峰情况

通过统计测算出 2016—2020 年每日最大、最小负荷时段风电出力的差值，除以当下风电的并网容量，将其视为风电的调峰深度。2016—2020 年风电反调峰深度占比情况如图 2-20 所示，风电的反调峰深度范围在 0～10%之间的占比达 70%以上，在 10%～20%之间的占比为 18%左右，在 20%～30%之间的占比为 6%

左右，在 30%～50%之间的占比为 2%左右。由于新能源发电的不可控和风电的反负荷特性，新能源的大规模接入，将导致湖南省电网调峰压力进一步凸显，新能源消纳问题突出。

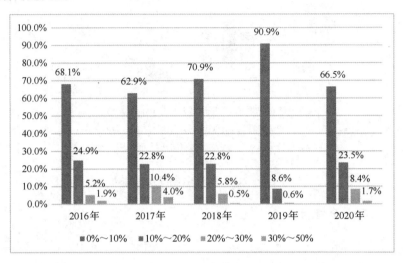

图 2-20　2016—2020 年风电反调峰深度占比情况

2）调峰难度系数

通过统计测算出 2016—2020 年每日最大、最小负荷时段风电出力的差值，筛选出反调峰的值，除以当天负荷峰谷差，将其视为调峰难度系数，如图 2-21 所示，随着风电装机规模的递增，调峰难度系数逐渐增大，2020 年的风电调峰难度系数大于 10%的占比为 13.4%，相较于 2016 年的 1.4%，增长了 12 个百分点。

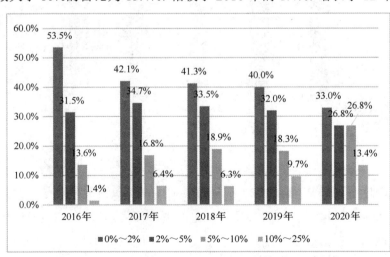

图 2-21　2016—2020 年风电调峰难度系数情况统计

2.3 湖南省电网调峰平衡现状

2.3.1　调峰平衡现状

据统计，2020 年 2 月 15 日达到当年最高新能源弃电量，当日最小负荷为 909.1 万千瓦，其中火电出力 369.7 万千瓦、水电出力 420 万千瓦、风电加光伏发电出力 12.3 万千瓦，估算最大弃电电力 215 万千瓦，2020 年最大调峰缺额为 215 万千瓦。

2.3.2　新能源利用情况

2016—2020 年湖南省电网新能源累计装机规模如图 2-22 所示。近五年新能源累计新增装机规模为 863.91 万千瓦，年均增长 41.6%，其中风电累计新增装机规模为 452.40 万千瓦，年均增长 32.6%；光伏发电累计新增装机规模为 361.13 万千瓦，年均增长 90.7%。

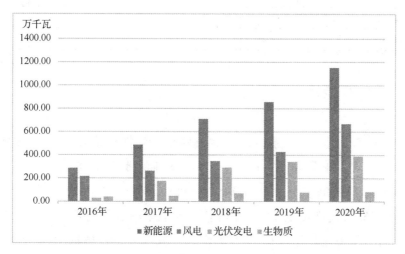

图 2-22　2016—2020 年湖南省电网新能源累计装机规模

2020 年，湖南省电网新能源累计发电量为 168.02 亿千瓦时，同比增加 34.23 亿千瓦时，增长 25.58%，其中风电量为 98.93 亿千瓦时，同比增加 23.95 亿千瓦时，增长 31.94%；光伏发电量为 29.97 亿千瓦时，同比增加 4.11 亿千瓦时，增长 15.87%。2020 年湖南省电网新能源发电与利用小时情况如表 2-8 所示。

表 2-8　2020 年湖南省电网新能源发电与利用小时情况

项　　目	发电量/亿千瓦时	同 比 增 速	利用小时/小时	同比增减/小时
新能源	168.02	25.58%	1785.34	62.01
风电	98.93	31.94%	2028.04	70.45
光伏发电	29.97	15.87%	819.64	-1.33
生物质	38.62	17.77%	4724.70	240.49
其他	0.50	230.36%	855.21	556.51

2020 年，湖南省电网风电平均利用小时数为 2028.04 小时，同比增加 70.45 个小时；光伏发电平均利用小时数为 819.64 小时，同比减少 1.33 小时。湖南省电网弃风电量为 2.92 亿千瓦时，弃水电量为 4.69 亿千瓦时，弃光伏发电量为 0.025 亿千瓦时，当年新能源利用率为 98.3%。2016—2020 年湖南省电网新能源利用率均达到了 98% 以上，如表 2-9 所示。

表 2-9　2016—2020 年湖南省电网新能源利用率统计表

项　　目	2016 年	2017 年	2018 年	2019 年	2020 年
新能源发电/亿千瓦时	60.7	77.8	111.8	133.8	168.0
年弃风电量/亿千瓦时	1.19	0.8	0.02	1.35	2.92
年弃光伏发电量/亿千瓦时	0	0	0	0	0.025
新能源年利用率	98.1%	99.0%	100.0%	99.0%	98.3%

2.3.3　抽水蓄能情况

湖南省仅有一座抽水蓄能电站（黑麋峰抽水蓄能电站），总装机规模为 120 万千瓦，设计年发电量为 16.06 亿千瓦时，年抽水耗用低谷电量为 21.41 亿千瓦时。该电站于 2005 年 5 月开工建设，2009 年 8 月首台机组投产发电，2010 年 10 月全部机组投产发电。从黑麋峰抽水蓄能电站近年的发电情况来看，2015 年及以前的利用率较低，2016 年开始大幅提升，当年发电量达到 16.0 亿千瓦时，利用小时数为投运以来的最高值，达到了 2940 小时，2018—2020 年的年发电量在 14.0 亿千瓦时左右，年利用小时数约为 2500～2600 小时，年抽水耗用低谷电量为 21.41 亿千瓦时，主要担负湖南省及华中电网的调峰、填谷、调频、调相及事故备用等任务。

2019 年黑麋峰抽水蓄能电站的发电量为 14.3 亿千瓦时，累计抽水电量为 17.3 亿千瓦时，累计利用小时数为 2628 小时，其中发电利用小时数为 1189 小时，抽水利用小时数为 1437 小时。全年累计开机 2462 次，其中发电 1435 次，抽水 1027 次。2010—2020 年黑麋峰抽水蓄能电站运行情况如图 2-23 所示。

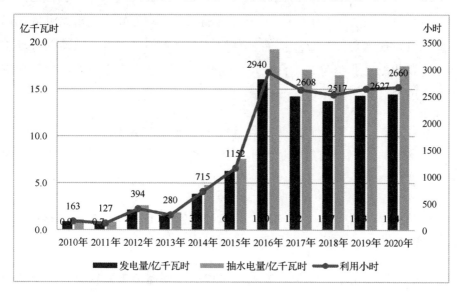

图 2-23　2010—2020 年黑麋峰抽水蓄能电站运行情况

黑麋峰抽水蓄能电站在负荷低谷时段蓄水，在负荷高峰时段发电。2016—2019 年黑麋峰抽水蓄能电站抽水集中在 1—7 时，占总抽水电量的 97.8%；发电集中在午高峰和晚高峰，10—12 时发电量占比为 27.9%，17—22 时发电量占比为 64.8%。2016—2019 年黑麋峰抽水蓄能电站各时段抽水、发电情况如图 2-24 所示。

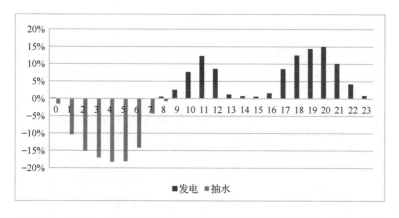

图 2-24　2016—2019 年黑麋峰抽水蓄能电站各时段抽水、发电情况

2.3.4 调峰需求计算

2022 年 11 月 18 日，湖南能源监管办公室发布公开征求《湖南省电力辅助服务市场交易规则（2022 版）》（征求意见稿）意见的通知。征求意见稿明确服务包括火电、抽水蓄能、独立储能及负荷侧市场主体等卖方。负荷侧市场主体包括传统高载能工业负荷、工商业可中断负荷、电动汽车充电网络等可调节负荷（含通过聚合商、虚拟电厂等形式聚合）。

征求意见稿要求独立储能并网容量应不小于 5 MW/10 MWh；负荷侧市场主体中直接参与用户可调节容量不小于 1 MW，连续响应时间不低于 1 小时；聚合商可调节容量不小于 10 MW，连续响应时间不低于 1 小时。

储能参与深度调峰交易分为按序调用及优先调用两种模式，储能电站可自行选择参与模式，参与模式的变更应经调控中心批准。

储能电站按充电电量报价，如被按序调用，则储能电站根据日前市场出清结果确定充电计划，按照日内调峰需求实时调整充电功率，按照中标价格为其报价。如被优先调用，则储能电站按日前计划充电，其申报价格参与整个市场排序。若其申报价格低于市场实际调用最高价，则中标价格为其申报价格；若其申报价格高于市场实际调用最高价，则中标价格为同时段市场最低价。

储能电站优先用于保障电网安全稳定运行、电力供应和新能源消纳，在确定有必要时，调度中心可按需对储能电站市场出清结果或充放电计划进行调整，并提前告知相关储能主体，同时做好记录，说明强制调用原因备查。

$$储能电站深度调峰服务费 = K\sum（交易时段储能电站深度调峰电量 \times 中标价格）$$

其中，储能电站深度调峰电量为储能电站按调度指令充电的充电电量。储能电站申报价格最高限额为 0.5 元/千瓦时，其中 K 取值为 0.8。

此外，储能电站还可以参与紧急短时调峰辅助服务市场交易，即系统备用容量占比小于 3%、可能采取有序用电措施时，调用储能电站放电服务，或及时停用可中断负荷，实现短时负荷平衡。要求参与的储能电站装机规模为 10 MW 及以上，且优先调用储能电站。当储能调峰资源用尽后，再调用可中断负荷用户。

$$储能电站紧急短时调峰服务费=K_9×\sum（交易时段储能电站紧急短时调峰$$
$$电量×中标价格）$$

其中，储能电站紧急短时调峰电量为交易时段内储能电站按调度指令调增功率至中标功率及以上时增加的供电量；K_9 取值为 1，储能电站申报价格最高为 0.6 元/千瓦时。

2.3.5　风电并网对湖南省电网调峰能力的影响

风电和水电的联合运行是解决风电接入的良好方法，并且国内外已经有不少学者对其进行了研究和探索[74]。大多数学者认为，风电和水电联合运行可以提高两者的价值，保障电力稳定供应，并提出了具体方案[75-76]。文献[77]提出了风电场与抽水蓄能电站联合运行的日内优化运行策略，利用抽水蓄能电站的储能能力，可以平抑风电场的日内峰谷波动性，从而使风电场运行效益最大化。文献[78]则提出通过风电与普通水电的联合运行，来完全平滑风电的出力。研究风电与水电联合运行的目标是最大限度地利用风能，最大限度地减少由于风电接入对电力系统带来的不良影响，维持能量平衡和电力系统的稳定[77, 79-80]。在湖南省电网的负荷构成中，居民生活和商业用电占有相当大的比重，电网峰谷差特别大，调峰矛盾很突出，特别是在丰水期水电大发期间和春节前后。文献[81]运用风电与水电联合调峰的思路，从电量平衡角度研究了湖南省电网风电的消纳能力。文献[82]利用风电功率预测和电网负荷预测等数据，考虑调峰、输电断面约束等条件，通过优化日前火电开机方式和发电计划，增强了电网消纳风电的能力。文献[83]分析了风电并网后京津唐电网调峰特性和调峰能力。

将风电注入电网的功率假想成负的用电负荷，用常规发电机组的有功功率对其进行实时平衡，这样势必会增加常规发电机组的调整难度。其一体现在常规火电机组的负荷增、减速率必须实时满足平衡系统用电负荷和风电随机变动两者之和的需求，同时常规火电发电机组出力调整会更加频繁，必须考虑对发电设备寿命的影响。其二是风电机组有功功率受风速影响，风电功率波动经常与用电负荷变化趋势相反，一般夜间自然风速较高，风电功率较大，此时恰为用电低谷，风电反调峰率可高达 90%[84]。按照全网发用电基本平衡，火电机组45%～50%调峰能力，全网峰谷差按照最大及平均分别考虑，风电按照高峰、低谷时段平均发电出力（低谷时段电量占 45%左右，高峰时段电量占 16%左右）方式考虑，高峰期间火电旋转备用容量按 600 万千瓦考虑。大规模风电接入电网将增加电网调峰难度。风电反调峰特性加大了电网的等效峰谷差，恶化了电网负荷特性，扩大了电网调峰的范围。

1）丰水期风电对湖南省电网调峰的影响

多年的运行经验表明，在丰水期，湖南省电网的调峰难点主要是在负荷低谷时，即使保持火电机组较小的开机方式，电网出力仍然过剩。

湖南省电网的水电装机规模为 10332.93 MW，占统调装机规模的 33.19%。且小水电机组占有相当大的比例，水库库容小，属于径流式水电站。湖南省的丰水期主要是 4—6 月份和 10 月份。在丰水期，湖南省遭遇大降雨时，除东江、三板溪和江垭等数个具备年调节能力库容的水电厂外，其余水电厂基本满负荷运行，否则将会出现弃水风险。通过合理优化流域梯级水库运行，在负荷低谷时，湖南省电网的水电机组的总发电约为 7000 MW。

为了保障湖南省电网的安全稳定运行，提高电网抵御故障的能力，即使在丰水期，火电机组也必须保持一定的开机容量，其中长沙、株洲和湘潭地区至少开 3 台火电机组，衡阳、郴州和永州地区开 1 台火电机组，岳阳地区至少开 1 台火电机组，娄邵地区至少开 1 台火电机组。湖南省在汛期一般最少保持 2700 MW 的火电开机容量。对于这种火电机组极端开机方式的情况，火电机组的启停调峰手段显然已经不再适用，同时为了避免火电机组跳机或者灭火对电网安全运行构成威胁，也尽量不采用深度调峰，按 50%基本调峰标准进行计算，在负荷低谷时，火电机组出力约为 1350 MW。

在丰水期负荷低谷时，鄂湘联络线送湖南约 1100 MW，安排黑麋峰抽水蓄能电站的 4 台机组抽水，总用电负荷约为 1200 MW，而 2016 年丰水期电网最低负荷为 8000 MW 左右。可计算出，在未考虑风电电力的情况下，全网仍盈余出力约 250 MW。

若考虑风电并网的影响因素，截至 2015 年年底，湖南省电网的风电装机规模为 1531.95 MW，陆上风电机组一般不会同时达到满发状态，最大的风电出力约为风电机组总装机规模的 75%。目前湖南省电网的风电最大电力预计可达到 1150 MW，若此最大电力出现在丰水期夜间低负荷时段，则很有可能带来弃水或者弃风调峰的风险。同时必须对湖南省的降雨、风能进行预测，合理控制各流域主干水库的水位，科学安排火电机组开机方式，尽量多消纳新能源。

当前由于地区经济增长放缓，湖南省电网的负荷水平增加缓慢，特别是负荷低谷时的用电负荷增长放缓，在不增建有效的调峰电源（如抽水蓄能电站）的情况下，继续大规模增加系统风电机组的装机规模，必然会导致丰水期负荷低谷时出现弃水或者弃风调峰的现象。

2）春节前后风电对湖南省电网调峰的影响

春节期间湖南省电网的调峰难点主要在于电网峰谷差过大，火电机组的开机方式既要考虑在负荷高峰时有足够的正旋转备用，又要考虑在负荷低谷时有一定的负旋转备用。风电机组注入电网的有功功率具有随机性，且在当前的技术水平下难以准确预测。风电并网对电网的有功备用提出了新的要求。

考虑风电并网后，将风电有功功率当成负的负荷模型，在实际的电网负荷中剔除风电有功功率，即其他常规发电机组需要实时平衡的净电网负荷。图 2-25 所示为春节前后某日湖南省电网总负荷和风电机组有功功率的情况，由图可见，若风电的日出力曲线为反调峰特性，则其他常规发电机组需要平衡的净负荷峰谷差明显加大。

在 2016 年春节期间，为保证在负荷高峰时电网有足够的有功功率备用，火电开机容量为 3960 MW，火电在低谷出力按 50%调峰比例计算，约为 1980 MW，鄂湘联络线负荷高峰送湖南约为 1690 MW，低谷参与调峰，送湖南约为 1000 MW；水电低谷出力最大达到 2400 MW，基本为无调节能力的径流式水电和为保证水库下游生态流量的必须水电出力；其他可再生能源电厂（如凯迪、桑梓等电厂）高峰出力 500 MW，低谷参与调峰，出力约为 400 MW。低谷时风电最大出力约为 1000 MW。

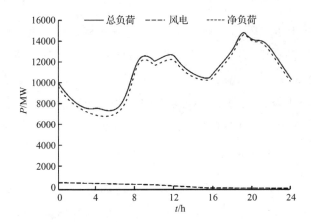

图 2-25 春节前后某日湖南省电网总负荷和风电机组有功功率的情况

2016 年春节期间，湖南省电网的实际最高负荷约为 14100 MW，最低负荷约为 5200 MW，最大日峰谷差高达 7790 MW 左右，负荷低谷时安排黑糜峰抽水蓄能电站的 4 台机组抽水，总用电负荷约为 1200 MW。在负荷低谷时，电网的出力过剩约为 380 MW，通过启用火电机组深度调峰保证了春节期间电网调峰和全额消纳新能源的需求。

虽然春节期间电网的峰谷差比较大，但实际调峰难度比丰水期时要小一些。首先是春节处在枯水期，水电在负荷低谷的必须上网电力比丰水期要小得多；其次是火电机组的开机方式比灵活，能够使用火电机组深度调峰和启停调峰。

2.3.6 可再生能源对调峰的影响

湖南省多年来面临着可再生能源集中发电时的电网调峰困难[85]。根据数据统计，2020 年湖南省可再生能源发电量同比均大幅增加，其中风电增幅超过 30%，光伏发电增幅接近 20%；新能源（包括风电、光伏发电）最大日发电量同比增长达 47%。在负荷侧，居民生活和商业用电保持较快的增长速度，工业用电比重仍然相对较低，电网平均峰谷差超过 880 万千瓦，同比上升 9.91%，最大峰谷差率达 59.87%。由于新能源发电量大幅增长，且风电具有明显的反调节特性，加之电网峰谷差持续增大，为保高峰电力供应，火电机组无法停机，各类因素综合导致电网低谷调峰十分困难。从结果上看，2020 年湖南省电网火电机组年内深度调峰超过 7200 台次，最大调峰深度超过 220 万千瓦，但仍无法避免出现弃水、弃风、弃光的情况。据测算，今后湖南省电网峰谷差将继续增大。同时，为推动我国能源清洁低碳转型和实现"碳达峰、碳中和"的目标，新能源装机规模未来将继续保持快速增长，且保障新能源消纳的政策要求只会更加严格。可以预见，在未来以新能源为主体的新型电力系统中，新能源消纳矛盾将持续深化，电网调峰将更加困难，这对电网调峰能力提出了更高的要求。

过去湖南省电网火电机组深度调峰主要通过"两个细则"（即《华中区域并网发电厂辅助服务管理实施细则》和《华中区域发电厂并网运行管理实施细则》）进行补偿[86]，由于缺乏市场激励，导致火电机组参与意愿低，电网深度调峰能力不足预期。解决该问题的关键环节是建立相应的电力辅助服务市场。2015 年，标志着新一轮电力改革揭幕的"9 号文"中提到要以市场化原则建立辅助服务分担共享新机制。截至 2020 年年底，福建、甘肃、山东、山西、南方（以广东起步）、宁夏、江苏、新疆、重庆、河北、上海、安徽、陕西、青海等共计 5 个区域电网和 27 个省级电网先后出台了电力辅助服务市场规则，并已启动试运行或进入正式运行。湖南省电力辅助服务市场也于 2020 年 11 月开始试运行。

目前几乎所有省份的电力辅助服务市场还处于积累运行经验和逐步修改完善的阶段，加强经验交流，避免重复试错，对于既快又稳地推进电力辅助服务市场建设与完善有着重大意义。当前，该领域的学术文献主要集中于电力辅助服务市场的机制设计与优化出清等纯理论研究方面[87-91]，或介绍市场经验[92-94]，而针对调峰辅助服务市场，落地于国内具体电网、结合某电网具体特征进行探究并基于某电网市场实际运行情况进行分析的文献只覆盖了少数省份。文献[95]介绍了调峰辅助服务市场的规则设计，并分析了相关技术支持系统的工程应用情况。文献[96]构建了电网调峰辅助服务市场，并测算了年度交易规模和经济效益。文献[97]结合电网特点和政策背景，建立了现货与深度调峰联合优化机制，分析了连续 7 天结算试运行实际应用结果，证明了该机制对解决电网调峰能力不足与新能源消纳受限矛盾的有效性。

2.4 本章小结

受经济增长、电能替代等影响，近年来湖南省用电负荷快速增长。随着产业结构调整及社会经济的发展、居民生活水平的提高，第三产业用电及居民生活用电占比逐年增加，空调负荷急剧增加，天气变化对电网负荷的影响也越来越大[98]。由于冬、夏两季居民使用空调负荷的时段不同，对电网负荷率产生了两种截然不同的影响。冬季的空调负荷一般在白天，日高峰较大，但晚上的空调负荷大幅度降低，使电网的峰谷差加大，电网负荷率降低。夏季在白天和晚上均有较高的空调负荷，电网负荷率将增加。

由于空调负荷的占比越来越大，且冬、夏季节空调负荷特性有明显不同，因此湖南省电网负荷呈现较明显的时段性和季节性。冬季空调取暖负荷一般在白天，这导致午高峰较大，但夜晚空调负荷显著降低，电网峰谷差较大。夏季空调制冷负荷全天维持较高水平，日负荷率、日最小负荷率均比冬季大，峰谷差相对冬季峰谷差较小。湖南省电网日负荷曲线呈现午、晚双峰特性，午高峰一般出现在 11:15 前后，冬季晚高峰一般出现在 19:00 前后，夏季晚高峰一般出现在 21:30 前后。另外，与正常工作日相比，春节期间湖南省电网日负荷水平较低，负荷曲线较为平稳，高峰一般出现在 11:15 和 20:00 前后。这是由于春节期间大部分企业、工业负荷已经停运，用电负荷基本上为居民生活和商业用电。

随着用电结构的不断变化及新能源装机规模的快速增长，湖南省电网峰谷差逐年增大，调峰与新能源消纳的矛盾非常突出。受制于电源结构特点，湖南省电网调峰能力有限，迫切需要深度挖掘现有调峰资源潜力，提出电网调峰的相关建议及措施，提高电网调峰能力，满足调峰需求，从而确保电网的安全稳定运行。

第 3 章
湖南省电网调峰平衡计算

3.0 引言

本章通过考虑计划投产（退役）电源和电力流，计算湖南省电网调峰平衡方案。湖南省发展和改革委员会发布的《湖南省电力支撑能力提升行动方案（2022—2025 年）》提出，湖南省电力稳定供应能力在 2025 年达到 6000 万千瓦；风电、光伏发电装机规模在 2025 年达到 2500 万千瓦以上，在 2030 年达到 4000 万千瓦以上，在 2035 年达到 6000 万千瓦以上；纳入国家抽水蓄能中长期规划"十四五"重点实施的 13 个抽水蓄能电站在 2022 年内全部核准启动建设，在 2030 年全省抽水蓄能装机规模达到 2000 万千瓦，并预测了 2025 年、2030 年及 2035 年的市场空间；需要夯实保障性电源基础，扩大外电送入规模，提升电力应急备用能力，大力发展风电、光伏发电，在保障电力安全可靠供应的基础上，大力实施可再生能源替代，风电、光伏发电装机规模在 2025 年达到 2500 万千瓦以上、在 2030 年达到 4000 万千瓦以上，抽水蓄能电站装机规模在 2030 年达到 2000 万千瓦，助推全省"碳达峰、碳中和"目标如期实现；推动配电网向智能化、数字化、主动化方向转型；按照差异化发展策略，推动全省配电网提档升级；着重提高中心城区电网可靠性和智能化水平，满足多元用户接入需求，建设与国家中心城市相适应的长株潭一流城市配电网；继续实施农村电网巩固提升工程，助力乡村振兴战略，提升全省农村电网整体供电质量和服务水平；全省电网韧性、弹性和自愈能力大幅提高，形成结构合理、绿色智能、经济高效的现代配电网。

根据国家规划，"十四五"期间将建成华中特高压环网工程和雅中特高压直流工程（落点江西，分电湖南）。采用中国电科院的电力系统源网荷一体化生产模拟软件（PSD-PEBL）进行电力电量平衡测算。该软件可实现多个分区 1 年内（8760 小时）各类型发电资源（火电、水电、抽水蓄能、储能、新能源）出力的安排，并形成电力平衡、电量平衡、调峰平衡报表、开机位置图等。

当前，我国经济正由高速增长阶段转向高质量发展阶段，长期向好的基本面没有改变。湖南省正处于全面建成小康社会、迈入建设社会主义现代化强省的关键时期，随着国家"一带一路"倡议、长江经济带战略的深入推进，以及省内交通设施的不断完善，湖南省将由沿海开放的内陆变为内陆开放的前沿，省内经济环境长期向好，产业结构升级调整逐步到位、"一带一部"战略和城镇化战略推进实施，战略性新兴产业、现代服务业快速布局和发展。预计未来在大力推进经济高质量发展基础上，湖南省经济增长速度继续高于全国平均水平，人均地区生产总值与全国平均水平的差距将不断缩小，全省用电仍将保持持续增长态势。

预计 2030 年湖南省全社会最大负荷为 6900 万千瓦，全社会用电量为 3310 亿千瓦时，"十五五"期间用电增速分别为 5.0% 和 4.9%。考虑到湖南省电网的最大需求响应能力，按负荷 5% 测算，已达到服役年限的大唐湘潭电厂和国电益阳电厂共退役 132 万千瓦机组。"十五五"期间考虑引入宁夏直流，送电能力按照 800 万千瓦计算，续建平江抽水蓄能机组 105 万千瓦。考虑在 2025 年电力缺口补平的基础上，全省最大电力缺口为 1007 万千瓦。结合湖南省煤电中长期储备项目，若考虑 2030 年基础方案电力缺口全由煤电补齐，则"十五五"期间需要规划新增煤电装机规模为 1000 万千瓦。

基于云平台的湖南省电网模型数据和运行数据，构建未来 4 小时、8 小时、24 小时且可收敛的未来态电力流，并与稳定限额智能识别系统进行信息交互。在采用调度智能平衡分析系统进行调度决策时，首先要根据可调节资源的代价函数生成未来一段时间内调节代价最低的日内计划；然后在更新分机组调度计划表后，系统将 7 大类数据表（系统负荷预测表、母线负荷预测表、联络线计划表、输电断面限额表、输电断面组成元件表、分机组调度计划表、设备停电计划表），以及其他类的计划数据（如市场交易出清结果、风光日内功率预测数据）传入未来态电力流计算模块，生成经安全校核后的未来态电力流。若安全校核未通过，则根据安全校核结果调整约束条件，重新生成日内计划进行迭代，计算未来态电力流。

合理配置系统调峰资源，要符合电力系统安全稳定运行需要，尽量减少系统调峰缺口。合理配置调峰资源，要符合能源转型和社会低碳发展方向，有利于促进新能源发展与消纳，尽量减少弃风弃光弃水电量。合理配置调峰资源，要综合考虑调峰资源建设的成本和建设周期，以较小的经济代价，取得较好的调峰效益，并与新能源发展规模、时序相适应；合理配置调峰资源，要坚持统筹协调性原则，在布局上充分利用区域内各省调峰需求的差异，统筹资源优势，实现省间调峰互济共赢；在建设主体上要统筹电源侧、电网侧和用户侧调峰资源，充分发挥多市场主体的调节作用。

电力市场化改革的特征和方向为智能化、自动化。鉴于市场规则相对复杂，传统基于人工计算、电话口头下令的深度调峰模式已无法适应当下的调度环境。湖南省电网调峰辅助服务市场建立了多个技术支持子系统，基于"功能独立、数据交互"的原则，结合已有的调度业务系统，形成了一套完整的调峰辅助服务市场系统。

科学优化电网运行方式，充分利用调峰资源，可以在提升新能源消纳能力的同时降低调峰成本。考虑不同类型电源运行特性，特别是电源调峰期间经济性差异，现行的运行规程将电源调峰划分为基本调峰和有偿调峰两类。基本调峰是各类型电源所必须履行的调峰责任，电源提供基本调峰的成本相对较低。根据性能差异，燃煤机组、燃气机组等主要电源可分为不停机、可停机和不可调节三类。燃煤机组为典型的不停机调峰资源，由于其启停成本较高且出力调减能力有限，基本调峰能力为其最小技术出力，一般为最大技术出力的 50%。燃气机组、梯级水电均可停机调峰资源，但梯级水电停机必须满足新能源消纳所需要的水位控制要求，保证无弃水风险。小水电、风电、光伏发电等电源出力由降水、来风、日照等气象因素决定，无调峰能力。

3.1　湖南省电网的市场空间测算

考虑计划投产（退役）电源和电力流，对湖南省电网进行电力平衡。2025年、2030 年、2035 年市场空间分别为 1033 万千瓦、2116 万千瓦、2638 万千瓦。如果考虑削峰 5%，则 2025 年、2030 年、2035 年市场空间分别为 742 万千瓦、1739 万千瓦、2281 万千瓦。2025 年、2030 年、2035 年电力平衡如表 3-1 所示。

表 3-1　2025 年、2030 年、2035 年电力平衡

年　　份	2025 年	2030 年	2035 年
1. 最大负荷/万千瓦	5400	6900	8000
2. 备用率	14%	14%	14%
3. 年末装机规模/万千瓦	7378.3	8251.3	8769.3
4. 受入（+）外送（-）	1300	2044	2788
5. 电力盈余（95%负荷）/万千瓦	-742	-1739	-2281

湖南省发展和改革委员会发布的《湖南省电力支撑能力提升行动方案（2022—2025 年）》提出，确保"十四五"期间每年新增电力稳定供应能力在 400 万千瓦以上，到 2025 年，全省电力稳定供应能力达到 6000 万千瓦，有力支撑全省经济高质量发展。

（1）要夯实保障性电源基础。充分发挥火电调节性强、可靠性高的优势，确保华电平江电厂于 2022 年年底前投产、国能岳阳电厂于 2023 年年底前投产。加快建设长安益阳电厂、大唐华银株洲电厂、陕煤石门电厂 3 个煤电项目和湘投衡东燃气电厂、华电长沙燃气电厂、华能湘阴燃气电厂 3 个气电项目。积极争取贵州大龙电厂、鲤鱼江电厂 A 厂灵活送电湖南。在 2025 年，全省支撑性煤电和调峰性气电装机规模达到 3300 万千瓦左右。

（2）要提升电力应急备用能力。按照最大负荷的一定比例配置应急备用电源和调峰电源，适度提高水电、风电、光伏发电和不可中断用户高占比地区的配置比例，在 2025 年全省应急备用电源达到 270 万千瓦以上。在有规模热（冷）负荷的工业园区、经济开发区、空港新区等区域因地制宜建设背压式燃煤热电联产项目或分布式天然气冷热电三联供项目，积极推广用户侧分布式智慧综合能源。开展电力系统安全保供评估，建立煤电拆除报告制度，符合安全、环保、能效要求和相关标准的合规煤电机组"退而不拆"，关停后作为应急备用电源。加强应急备用电源管理，研究制定支持保障政策，科学认定和退出应急备用机组，做好设备维护和燃料供应保障。完善电力应急响应体系和电力设备在线监

测系统，扎实做好应对大面积停电、自然灾害防范联合演练。

（3）要在保障电力安全可靠供应的基础上，大力实施可再生能源替代行动，风电、光伏发电装机规模在 2025 年达到 2500 万千瓦以上、在 2030 年达到 4000 万千瓦以上，抽水蓄能电站装机规模在 2030 年达到 2000 万千瓦，助推全省"碳达峰、碳中和"目标如期实现。

（4）要大力发展风电、光伏发电。坚持集中式与分布式并举，推动风电和光伏发电大规模、高比例、高质量、市场化发展。在风光资源禀赋较好、具备建设条件的地区，探索布局一批多能互补新能源基地；按照"储备一批、成熟一批、推进一批"的思路，推动省内风电规模化和可持续发展；积极探索"光伏+"模式，因地制宜建设一批林光互补、渔光互补和农光互补等集中式光伏发电站。支持分布式光伏发电就地就近开发利用，加快推进纳入国家整县屋顶分布式光伏发电试点的 12 个县（市、区）开展试点工作，积极推动增量配网、工业园区、公共机构、商场等分布式光伏发电和屋顶光伏发电开发，鼓励分布式光伏发电与交通、建筑、新基建融合发展。完善可再生能源电力消纳保障机制，不断提高可再生能源消纳水平。

（5）要加快建设抽水蓄能电站和新型储能。加快平江抽水蓄能电站建设，力争在 2025 年投产 1 台机组、在 2026 年全部投产。推动安化等 13 项已纳入国家抽水蓄能中长期规划"十四五"重点实施的抽水蓄能电站开工建设。研究常规水电站梯级融合改造技术，探索新建混合式抽水蓄能电站的可行性。积极发展电化学储能，优先在新能源消纳困难地区建设一批集中式共享储能项目，引导电源侧储能规模化应用，积极支持用户侧储能发展，围绕终端用户探索储能融合发展新场景。

（6）要加快构建坚强可靠智慧、源网协同互动的新型电力系统。在 2025 年，特高压电网形成"2 交 2 直"对外联络通道，主干网和配电网不断完善，长株潭配电网达到国家中心城市配电网标准。

（7）要构建坚强高效主干网架。增强 500 千伏西电东送和南北互济输电通道，建成湘东"立体双环网"、湘南"日"字形环网、湘西北环网和湘北环网，实现 500 千伏电网市州全覆盖。构建安全可靠、经济高效、绿色低碳的

220 千伏电网，实现全省区县全覆盖，形成"分区清晰、结构典型、运行灵活"的供电格局，电力系统运行效率和安全保障水平明显提高，新能源优化配置和消纳能力显著增强。

（8）要提升配电网支撑保障能力。推动配电网向智能化、数字化、主动化方向转型。按照差异化发展策略，推动全省配电网提档升级。着重提高中心城区电网可靠性和智能化水平，满足多元用户接入需求，建设与国家中心城市相适应的长株潭一流城市配电网。继续实施农村电网巩固提升工程，助力乡村振兴战略，提升全省农村电网整体供电质量和服务水平。全省电网韧性、弹性和自愈能力大幅提高，形成结构合理、绿色智能、经济高效的现代配电网。

3.2 跨区跨省送受电现状

3.2.1　输电工程建设情况

根据国家规划，"十四五"期间将建成华中特高压环网工程和雅中特高压直流（雅中直流）工程（落点江西，分电湖南）。"荆门—长沙"特高压交流工程建成投产后，祁韶直流送电能力将得到提升，最大送电功率为 800 万千瓦；雅中直流输电容量为 800 万千瓦，落点江西后按照 1:1 比例通过交流分电湖南，最大分电功率为 400 万千瓦。雅中直流工程在 2022 年建成投运；"荆门—长沙"特高压交流在 2022 年建成投运；"十五五"计划从宁夏地区引入一条直流到湘南，初步设想为"煤电+新能源"打捆受入，最大送电功率按 800 万千瓦计算；"十六五"计划从藏东南地区引入第三条直流。2025 年、2030 年、2035 年湖南接受区外来电规模分别为 1300 万千瓦、2044 万千瓦、2788 万千瓦。2020—2035年湖南省电网接受外区电力规模如表 3-2 所示。

表 3-2　2020—2035 年湖南省电网接受外区电力规模

单位：万千瓦

类　别	项　目	2020 年	2025 年	2030 年	2035 年
区外来电	1. 鄂湘联络线	176	176	176	176
	2. 祁韶直流	424	744	744	744
	3. 雅中直流分电	0	380	380	380

续表

类　别	项　目	2020 年	2025 年	2030 年	2035 年
区外来电	4. 宁夏直流	—	0	744	744
	5. 第三条直流	—	—	—	744
	6. 区外来电合计	600	1300	2044	2788

3.2.2　区外直流线路典型曲线

3.2.2.1　祁韶直流

考虑祁韶直流送端出力能力及湖南省负荷曲线特性，预测祁韶直流逐月 24 小时输电曲线如图 3-1 所示。以 2025 年为例，祁韶直流在 3—6 月份的日最大电力为 186 万千瓦，最小电力为 95 万千瓦；其余月份的日最大电力为 744 万千瓦、最小电力为 372 万千瓦，持续时间存在一定差异。

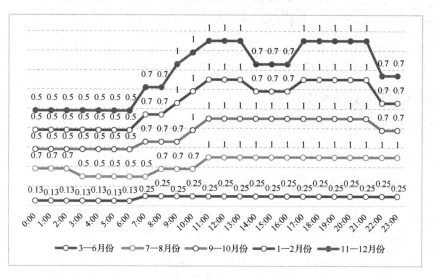

图 3-1　预测祁韶直流逐月 24 小时输电曲线

3.2.2.2　雅中直流

根据雅中直流的可行性研究报告结论，雅中直流为水电直流，基于输电电量平衡，并根据丰枯水季，预测逐月 24 小时输电曲线如图 3-2 所示。以 2025 年为例，雅中直流 7—8 月份的日最大电力为 380 万千瓦，日最小电力为 76 万千瓦，6、9、10 月份的日最大电力 314 万千瓦，日最小电力分别为 48 万千瓦、

143 万千瓦、76 万千瓦；1—2 月份、12 月份的日最大电力为 190 万千瓦，最小电力为 76 万千瓦；3—4 月份的日最大电力为 152 万千瓦，最小电力为 76 万千瓦；5、11 月份的日最大电力为 228 万千瓦，最小电力分别为 76 万千瓦、48 万千瓦。

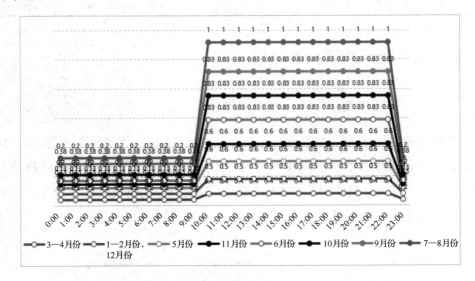

图 3-2　预测雅中直流逐月 24 小时输电曲线

3.2.2.3　区外交流输电线路约束

参考三峡电站近 5 年出力 8760 曲线，预测鄂湘联络线出力 8760 曲线如图 3-3 所示。以 2025 年为例，鄂湘联络线最大出力为 176 万千瓦，出现在夏季；冬季最大出力约为 80 万千瓦，仅为夏季最大出力的 45%左右。

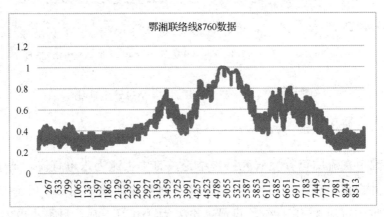

图 3-3　预测鄂湘联络线出力 8760 曲线

3.2.2.4　宁夏直流

考虑宁夏直流送端出力能力及湖南省负荷曲线特性，预测宁夏直流逐月 24 小时输电曲线如图 3-4 所示。

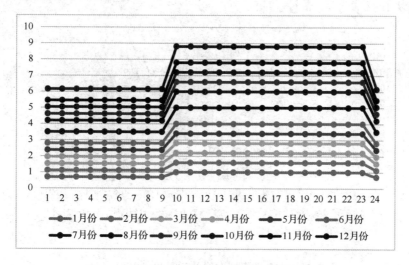

图 3-4　预测宁夏直流逐月 24 小时输电曲线

3.2.3　跨区跨省送受电对调峰需求的影响

3.2.3.1　鄂湘联络线出力特性分析

1）年出力特性

2018—2020 年鄂湘联络线送受电各时段占比图（见图 3-5 至图 3-7）可知，2018 年鄂湘联络线送受电在全年的午高峰（11 时—13 时）与晚高峰（19 时—21 时）时段基本只接收外来送电，在午高峰时段送电规模达电力流规模 20%以上的时刻占全年该负荷时段的 86.4%，晚高峰时段送电规模达电力流规模 20%以上的时刻占全年的 92.8%；低谷负荷时段存在电力外送的情况，占全年该负荷时段的 6.3%，低谷负荷时段接收外来电力达电力规模 60%以上的时刻相对较少。2019 年鄂湘联络线午高峰时段送电规模达电力流规模 20%以上的时刻占全年该负荷时段的 70.7%，晚高峰时段送电规模达电力流规模 20%以上的时刻占全年该负荷时段的 87.1%；低谷负荷时段电力外送的时刻占全年该负荷时段的 15.9%，低谷负荷时段接收外来电力达电力规模 40%以上的时刻占全年该负荷时段的 17.6%。2020 年鄂湘联络线送电情况与前两年相似，晚高峰时段送电规模达电力流规模 60%以上的时刻占比明显提高，占全年该负荷时段的 33.9%，午高峰时段送电规模达电力流规模 40%以上的时刻占全年该负荷时段的 50%以上。

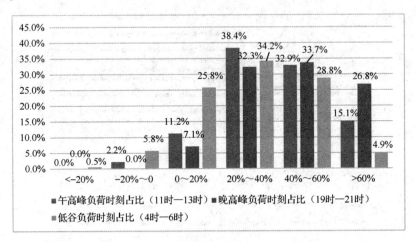

图 3-5　2018 年鄂湘联络线送受电各时段占比图

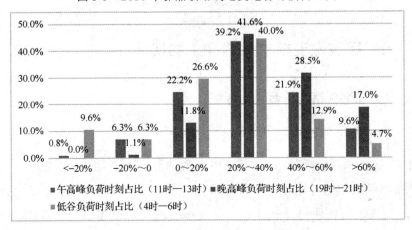

图 3-6　2019 年鄂湘联络线送受电各时段占比图

将负荷最大时刻的鄂湘联络线出力减去负荷最小时刻的鄂湘联络线出力，视为鄂湘联络线的反调峰深度；将该深度值比上日峰谷差，视为调峰难度系数（为正表示参与调峰，为负表示反调峰）。2018—2020 年湖南省电网的调峰难度系数占比图如图 3-8 所示，可看出鄂湘联络线绝大部分时间参与了调峰，反调峰天数只占全年天数的 15%左右。

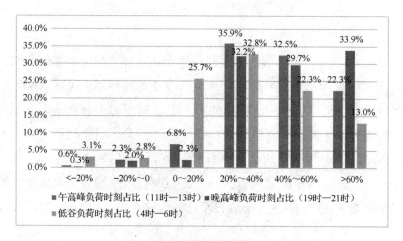

图 3-7　2020 年鄂湘联络线送受电各时段占比图

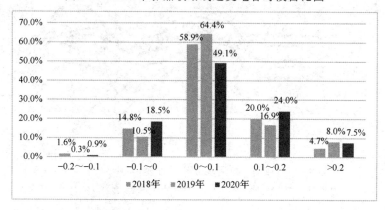

图 3-8　2018—2020 年湖南省电网的调峰难度系数占比图

从不同季节来看，夏季 7—8 月份的反调峰天数占比较高，占夏季时段的 38.5%，其余季节参与调峰的天数占该季节时段的 90% 以上，如图 3-9 所示。

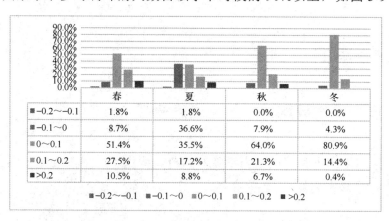

	春	夏	秋	冬
■−0.2～−0.1	1.8%	1.8%	0.0%	0.0%
■−0.1～0	8.7%	36.6%	7.9%	4.3%
■0～0.1	51.4%	35.5%	64.0%	80.9%
■0.1～0.2	27.5%	17.2%	21.3%	14.4%
■>0.2	10.5%	8.8%	6.7%	0.4%

图 3-9　四季调峰难度系数占比图

2）日出力特性

图 3-10 所示为 2018—2020 年鄂湘联络线月度日平均出力系数曲线，最大出力一般出现在午高峰或晚高峰时段，与负荷特性曲线相似，呈现"M"形态势，可看出跨区跨省送受电具有一定调峰能力。从 2018—2020 年的各月份来看，月度日平均最大出力水平最高的月份为 10 月份和 12 月份，日平均最大出力占电力流规模的 60%以上；月度日平均最大出力水平较高的月份为 1—2 月份、11 月份，月度日平均最大出力占电力流规模的 50%~60%；日平均最大出力水平较低的月份出现在丰水期 3—5 月份，5 月份的日平均最大出力仅为电力流规模的 34%左右。

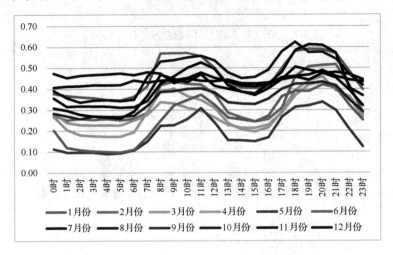

图 3-10　2018—2020 年鄂湘联络线月度日平均出力系数曲线

从总体来看，3—6 月份的整体出力水平偏低，日平均出力系数为 0.2~0.3。在负荷较高的夏季与冬季时段，鄂湘日平均出力系数能达到 0.43 左右。

3.3 调峰平衡原则

3.3.1　电力系统源网荷一体化生产模拟

本节采用中国电科院的电力系统源网荷一体化生产模拟软件（PSD-PEBL）进行电力电量平衡测算。

3.3.1.1　综合负荷曲线

考虑负荷曲线、负荷备用、事故备用容量、直流外送，同时叠加新能源出力，形成综合负荷曲线，如式（3-1）所示。

$$P_{\mathrm{RUN}}(i) = P_{\mathrm{LOAD}}(i) + P_{\mathrm{RESERVE}}(i) + P_{\mathrm{EX}}(i) - P_{\mathrm{WIND}}(i) - P_{\mathrm{SOLAR}}(i) \qquad （3\text{-}1）$$

式中，$P_{\mathrm{RUN}}(i)$ 为时刻 i 的常规机组开机需求；$P_{\mathrm{LOAD}}(i)$ 为时刻 i 的负荷；$P_{\mathrm{RESERVE}}(i)$ 为时刻 i 的热备用；$P_{\mathrm{EX}}(i)$ 为时刻 i 的外送功率；$P_{\mathrm{WIND}}(i)$ 为时刻 i 的风电预测出力；$P_{\mathrm{SOLAR}}(i)$ 为时刻 i 的光伏预测出力。

3.3.1.2　发电机组检修计划

按照等备用率原则，安排机组检修计划。依次在日最大负荷曲线上搜索最佳检修位置，并对日最大负荷曲线进行修正；同一厂站内机组同时检修的机组容量应与检修能力相匹配。

3.3.1.3　开机状态安排

根据综合负荷曲线，安排水电、抽水蓄能、火电等的开机，开机不足即电力不足。

水电机组出力安排策略：径流式水电按照给定出力曲线安排工作功率。具有日调节特性、周调节、月调节、季度调节特性的水电，分别在调节周期内搜索其最佳出力位置。

抽水蓄能机组出力安排策略：抽水蓄能机组按照每日蓄发一次进行安排，在低谷负荷时抽水，在负荷高峰时发电。在综合负荷曲线上搜索其最佳抽水位置与发电位置。

燃煤机组的出力安排策略：优先安排燃煤机组的最小技术出力部分，其余部分按照等煤耗率原则承担负荷，并考虑煤电受阻特性。

3.3.2　边界条件

3.3.2.1　水平年计算

《电力系统设计内容深度规定》（DL/T 5444—2010）明确：有水电的系统一

般按枯水年进行电力平衡，平水年进行电量平衡。因此建议采用枯水年作为湖南省电力平衡结果校核，平水年作为湖南省电量平衡校核，丰水年作为湖南省调峰平衡校核。

（1）计算水平年：2025 年、2030 年、2035 年。

（2）电力需求预测：负荷预测采用上述的建议方案，负荷曲线采用多年的8760 数据结合负荷特性发展趋势进行预测；系统备用容量取最大负荷的 14%，其中负荷备用 5%，事故备用和检修备用 9%。

（3）电源装机规划：电源装机规划按 DL/T 5444—2010 的 7.1 节确定。

3.3.2.2 电力需求预测

根据湖南省经济社会现状及"四化两型"建设情况，预计未来 10 年湖南省电力需求有如下特点：

1）第一产业用电量保持平稳增长

目前，湖南省第一产业的基础产品主要是蔬菜、粮食和生猪，三者产值占农业产值的 60%左右。在市场价格持续看好和生产者积极性较高等有利因素影响下，蔬菜生产、生猪生产、粮食生产将保持稳定增长。预计全省第一产业用电量仍将保持平稳增长，用电量增速在 6.4%左右，年均用电量增长 1.3 亿千瓦时左右。

2）第二产业用电量预计稳步增长

一是传统产业用电量形势稳中向好。在"十四五"期间，黑色金属冶炼和压延加工业、非金属制造业受益于"产业项目建设年"、市市通高铁等政策因素刺激，将保持低位增长，有色行业和化工行业用电量将在产业升级和环保治理完成后，增速有所回落。"十四五"期间用电量增加约 20 亿千瓦时，年均增长1.0%。

二是制造强省产业项目建设为新兴产业用电量增长注入强劲动力。"十三五"以来，湖南省抢抓中部崛起机遇，计算机、通信和其他电子设备制造业、新材料、高端制造业呈快速发展态势，蓝思科技、奥士康、中车电气、艾华集团等一批新兴产业快速发展，2019 年 12 月底，湖南省围绕制造强省重点产业发展，同时以 20 个工业新兴优势产业链建链、补链、强链，编制形成《湖南省制造强省重大项目表》，项目总数共 207 个，总投资 2595 亿元，计划在"十四五"期间全部建成，进一步提升湖南省产业基础高级化和产业链现代化水平，初步预计可新增用电量 90 亿千瓦时，为第二产业用电量增长注入强心针。

三是湖南省湘西产业承接示范区纵深推进将进一步推动用电量快速增长。2018 年 11 月，国家发展改革委印发《湘南湘西承接产业转移示范区总体方案》，要将湖南省湘西地区建设成中西部地区承接产业转移领头雁，打造内陆地区开放合作示范区，《方案》在产业承接方向、优化营商环境、深化开放合作等方面做了详细部署，计划到 2025 年引进 80 家以上世界 500 强企业，成为支撑中部地区崛起的重要增长极。目前，沿海企业已呈现出整体搬迁和抱团转移态势，2021 年衡阳市打造的国际眼镜小镇有望成为千亿产业，邵阳市以彩虹玻璃为龙头打造"特种玻璃谷"，聚集香港泰胜国际、伟奇光电等一大批关联电子信息企业，郴州市经济开发区成立"电子应用新材料（中国）产业园"，已有晔沣科技、日佳科技、众拓科技等 15 家新材料产业链上下游关联企业入驻，部分企业已进行设备安装。未来政府还将引导推动装备制造、有色精深加工、资源化工等重化工业及新一代信息技术产业向郴州市、衡阳市开发区产业园区转移，引导生物医药、纺织轻工、优势农产品加工等产业向永州市、邵阳市、怀化市、湘西自治州开发区产业园区转移。湘南、湘西地区工业用电量预计将保持较快增速。

基于以上因素，预计湖南省第二产业用电量仍将保持稳步增长，用电量增速在 3.5%左右，年均用电量增长 38 亿千瓦时左右。

3）第三产业用电量将继续保持较快增长

一是"十三五"以来，湖南省服务业持续快速发展，消费逐渐成为经济增长的主要拉动力，以商业服务业、高铁为代表的现代服务业用电量快速增长。

二是消费升级不断加速，文化、健康、旅游、"夜经济"等方面的消费需求不断被释放，2020 年的省政府工作报告中指出，要打造时尚消费、品质消费和"夜经济"地标，力争新增限上企业 1000 家，总数突破 1.2 万家，预计未来几年，全省商业、高端服务业报装容量将持续增加。

三是随着沪昆高铁全线通车以及怀邵衡、黔张常、张吉怀、常益长铁路相继建成，铁路用电量将显著增加，后期湖南省将打造长株潭半小时经济圈，将大力拉动用电量的增长。

四是 2020 年省政府工作报告中还提出支持长沙、衡阳、岳阳、郴州、怀化加快建设成为国家物流枢纽城市，助力第三产业发展。

预计全省第三产业用电量仍将继续保持较快增长，用电量增速在 10.2%左右，年均用电量增长 44 亿千瓦时左右。

4）居民生活用电量将持续增长

"十三五"期间，湖南省居民生活用电量年均增长 11.2%，"十四五"将继续保持高速增长趋势。

一是 2019 年湖南省城镇化率为 57.22%，低于全国平均水平 3.38 个百分点，未来湖南省城镇化率和居民生活电气化水平将不断提高，有力推动了用电量的增长。

二是截至 2019 年年底，全省 48 个省级以上贫困县已基本实现脱贫摘帽，实现全面小康发展潜力巨大，电力需求将在后期陆续被释放。

三是"十四五"农网升级改造力度将继续加强，进一步刺激农村居民生活用电量的增长。

四是近年来电动汽车发展形势较好，用电潜力大。

预计居民生活用电量保持年均 8.2%的增长速度，年均新增用电量 52 亿千瓦时。

综合考虑经济结构转变，两型社会建设，节能减排力度加大，新型工业化推进等因素，湖南省用电结构将发生变化，第二产业用电量将稳步增长，但用电量比重将呈现继续下降的趋势，到 2025 年用电量比重降至 46.4%左右，到 2035 年用电量比重下降至 42%左右；第三产业用电量和居民生活用电量增长迅速，用电量比重将由 2020 年的 45.7%左右，提高到 2025 年的 52.7%左右，2035 年达到 57%左右。湖南省用电结构预测如表 3-3 所示。

表 3-3　湖南省用电结构预测

项　目	2010 年	2015 年	2016 年	2017 年	2018 年	2019 年	2020 年	2025 年	2030 年	2035 年
第一产业用电量比重	8.2%	1.2%	1.2%	1.2%	0.9%	0.9%	0.9%	0.9%	0.8%	0.8%
第二产业用电量比重	64.1%	61.2%	56.7%	56.1%	54.8%	53.0%	53.4%	46.4%	44.0%	42.0%
第三产业用电量比重	10.3%	14.9%	16.2%	16.8%	18.1%	18.8%	18.1%	21.9%	23.7%	25.0%
居民生活用电量比重	17.4%	22.7%	25.9%	25.9%	26.3%	27.3%	27.6%	30.8%	31.5%	32.2%

根据湖南省经济社会的发展形势，结合国网下发的边界条件，综合近年来湖南省电力需求的现状以及历史用电发展情况，本节采用时间序列法、回归分析法、产值单耗法、人均用电法、弹性系数法、经济传导法、大用户法等多种方法预测电力电量需求，综合考虑经济社会和电力工业发展，得出了湖南省中长期电力需求预测结果，如表 3-4 所示。

表 3-4　湖南省中长期电力需求预测结果

项　目		实 际 值		预 测 值			预测增速		
		2015 年	2020 年	2025 年	2030 年	2035 年	"十三五"	"十四五"	2025—2035 年
全社会电量/亿千瓦时	高水平	1448	1929	2700	3500	4050	5.90%	6.96%	4.14%
	中水平			2600	3310	3800		6.15%	3.87%
	低水平			2500	3000	3400		5.32%	3.12%
全社会负荷/万千瓦	高水平	2770	3940	5750	7400	8650	7.30%	7.85%	4.17%
	中水平			5400	6900	8000		6.51%	4.01%
	低水平			5100	6500	7500		5.30%	3.93%

本节采用中水平方案为推荐方案。2025 年、2030 年、2035 年湖南省全社会用电负荷分别为 5400 万千瓦、6900 万千瓦、8000 万千瓦，"十四五""十五五""十六五"年均增长率分别约为 6.5%、5.0%、3.0%。全社会用电量分别为 2600 亿千瓦时、3310 亿千瓦时、3800 亿千瓦时。"十四五"、"十五五"、"十六五"年均增长率分别约为 6.2%、5.0%、2.8%。

近年来，通过对年最小负荷的特性进行分析可知，年最小负荷一般出现在春节期间，负荷系数为 0.26～0.28。根据对全社会负荷的预测，预测"十四五""十五五""十六五"年最小负荷分别为 1380 万千瓦、1870 万千瓦、2300 万千瓦。"十四五""十五五""十六五"年均增长率分别为 9.6%、6.3%、4.2%。

3.3.2.3 电源装机规划

1）已核准及取得路条的大型水火电源

目前湖南省电网已核准及取得路条的大中型水电、火电、核电装机规模约为 1409.5 万千瓦，其中，水电装机规模为 249.5 万千瓦，火电装机规模为 660 万千瓦、核电装机规模为 500 万千瓦。

神华华容电厂：根据国家能源局《关于湖南省"十三五"煤电投产规模的意见》，神华华容电厂推迟至"十四五"投产，项目已于 2021 下半年正式开工，预计 2024 年建成投产。

怀化石煤电厂：根据国家能源局《关于湖南省"十三五"煤电投产规模的意见》，怀化石煤电厂推迟至"十四五"投产。

五强溪扩机：2019 年 3 月五强溪扩机工程正式开工建设，根据项目建设进度安排，总工期为 4 年，预计于 2023 年建成投运。

柘溪、凤滩水电厂机组增容：根据省发展和改革委员会《关于同意柘溪、凤滩水电厂增容改造工程的函》（湘发改函[2018]141 号），柘溪水电厂扩机工程已于 2022 年投运，凤滩水电厂扩机工程已于 2021 年投运。

东江电厂扩机：根据省能源局《关于开展东江扩机工程前期工作的复函》，东江扩机工程已纳入《湖南省可再生能源发展规划》，项目目前正在开展前期工作，已拿到路条，尚未核准。

平江抽水蓄能电站：项目已于 2018 开工，总规模为 140 万行瓦，计划于 2025 年投运 1 台 35 万千瓦的机组。

桃花江核电站：根据国家内陆核电政策，项目目前处于停工状态，复工时间尚不明确。

湖南省目前在建、核准及取得路条电源情况如表 3-5 所示。

表 3-5　湖南省目前在建、核准及取得路条电源情况

项　目		规模/万千瓦	项 目 状 态	预计投运时间
水电	凤滩、柘溪增容改造	8.5	核准在建	2022 年
	五强溪扩机	50	核准在建	2023 年
	东江电厂扩机	51	已取得路条	2025 年
	平江抽水蓄能电站	140	核准在建	2025 年
	小计	249.5	—	—
火电	神华华容电厂	200	核准	2024 年
	怀化石煤电厂	60	核准	2025 年
	小计	660	—	—
核电	桃花江核电站	500	停工	
合计		1409.5		

2）省内电源退役安排

由于机组使用寿命等因素，大型煤电机组按服役满 30 年后退运考虑，按此原则湖南省 2020—2035 年大型煤电机组退役时间如表 3-6 所示。

表 3-6　湖南省 2020—2035 年大型煤电机组退役时间

序　号	退 役 机 组	规模/万千瓦	投 产 时 间	预计退役时间
1	华岳一期	72.5	1991 年 9 月	2023 年
2	耒阳电厂一期	42	1988 年 6 月	2024 年
3	大唐石门电厂	66	1996 年 12 月	2026 年
4	湘潭电厂	66	1997 年 12 月	2027 年
5	益阳电厂	66	2001 年	2031 年
6	耒阳电厂二期	66	2003 年 12 月	2033 年
7	大唐华银株洲电厂	68	2003 年 8 月	2033 年
8	华电石门电厂	66	2005 年 9 月	2035 年

3）中远期储备项目

当前湖南省电力供需形势紧张且较为严峻，为满足全省中长期电力需求，适度超前发展电力，应适当储备省内电源项目，提前开展项目前期工作。结合省内资源及跨省通道建设情况，可开展区外来电及大型水火电的项目储备工作。

4）煤电规划

结合湖南省现有电源布局、煤炭运输、水源条件及厂址综合情况考虑，湖南省具有适宜建厂的煤电储备项目共 18 处，合计装机规模为 3392 万千瓦。考虑到 30 万千瓦级老旧机组年满退役后，远景年可支撑湖南省电网的煤电装机规模达到 5000 万千瓦左右。湖南省电网的储备煤电项目如表 3-7 所示。

表 3-7　湖南省电网的储备煤电项目

序号	项目名称	电厂位置	电网分区	规划装机/万千瓦	前期情况	运输条件	水源条件
1	神华华容电厂	岳阳	湘西北	2×100	已核准	浩吉铁路	长江
2	怀化石煤电厂	怀化	湘西	2×30	已核准	管带机运	沅江
3	大唐华银株洲电厂退城进郊	株洲	湘东、湘南	2×100	可研	京广铁路	湘江
4	石门电厂	常德	湘西北	2×66	可研	石长/洛湛	澧水
5	益阳电厂三期	益阳	湘东	2×100	可研	石长/洛湛	资水
6	浏阳电厂	长沙	湘东	2×100		浩吉铁路	浏阳河
7	大唐华银株洲电厂二期	株洲	湘东、湘南	2×100		京广铁路	湘江
8	浏阳电厂二期	长沙	湘东	2×100		浩吉铁路	浏阳河
9	岳州电厂	岳阳	湘北	2×100		浩吉铁路	东洞庭湖
10	华电平江电厂二期	岳阳	湘东、湘北	2×100		浩吉铁路	汨罗江
11	汨罗电厂	岳阳	湘东	2×100		京广铁路	湘江
12	岳州电厂二期	岳阳	湘北	2×100		浩吉/京广	东洞庭湖
13	神华华容电厂二期	岳阳	湘西北	2×100		浩吉铁路	长江
14	湘南电厂	湘南	湘南	2×100		京广铁路	耒水
15	永州电厂二期	永州	湘南	2×100		洛湛铁路	湘江
16	湘南电厂二期	湘南	湘南	2×100		京广铁路	耒水
合计				2992 万千瓦			

5）风电规划

根据《中国可再生能源发展路线图》，在基本情况下，2030 年我国风电装机规模将达到 4 亿千瓦，东中部及其他地区分布式陆地风电规模将达到 5000 万千瓦，2030 年陆地风电规模将比 2020 年翻一番。根据《中国能源展望 2030》，2030 年中国风电发展目标将达到 4.5 亿千瓦，较 2020 年翻一番。综合各类发展目标判断，在既定政策情景下，预计 2030 年国内风电装机规模将达到 4 亿～4.5 亿千瓦，东中部及其他地区分布式风电规模约为 5000 万千瓦，为 2020 年的 2 倍左右。

结合湖南省风资源禀赋和电网消纳形势,有序安排风电并网。据此预计,在全国统筹协调发展下,2025 年、2030 年、2035 年国网边界条件下的湖南省风力发电装机规模预计分别为 1200 万千瓦、1420 万千瓦、1570 万千瓦,考虑远景风电单机容量由 2~3 兆瓦更换为 4~6 兆瓦、风能开发高度由 70 米提升至 140 米等技术进步等因素,并根据国家能源局《关于征求 2021 年可再生能源电力消纳责任权重和 2022—2030 年预期目标建议》,2030 年湖南省可再生能源电力非水电消纳责任权重预期目标为 27.7%,其中风电消纳 360 亿千瓦时、光伏发电消纳 224 亿千瓦时、区外来电非水可再生能源部分消纳 320 亿千瓦时、生物质消纳 50 亿千瓦时,预计非水可再生能源消纳比重可达到 28.8%。2035 年根据消纳责任权重趋势,预计可再生能源电力消纳责任权重目标为 37.6%,其中风电消纳 486 亿千瓦时、光伏发电消纳 328 亿千瓦时、区外来电非水可再生能源部分消纳 600 亿千瓦时、生物质消纳 60 亿千瓦时,预计非水可再生能源消纳比重可达到 38.8%。预计 2025 年、2030 年、2035 年风电装机规模分别为 1200 万千瓦、2000 万千瓦、2700 万千瓦。

6)光伏发电规划

《中国能源展望 2030》对我国太阳能开发利用进行了展望,"十三五"期间光伏组件价格和光伏单位投资有较大的下降空间,2030 年我国光伏发电规模达到 3.5 亿千瓦。《中国可再生能源发展路线图》为我国光伏发电发展设定了两类发展规模场景,在基本情景下 2030 年光伏发电装机规模为 4 亿千瓦,在积极场景下 2030 年光伏发电装机规模为 8 亿千瓦。综合各类发展目标判断,预计 2030 年我国光伏发电装机规模将达到 3.5 亿~5 亿千瓦,为 2020 年的 3~4 倍。

鉴于湖南省太阳能资源禀赋,结合电网消纳形势,因地制宜推进分布式电源建设,预计 2025 年、2030 年、2035 年国网边界条件下的湖南省光伏发电规模分别为 1500 万千瓦、2100 万千瓦、2550 万千瓦。考虑远景分布式、水面光伏发电等发展潜力及技术进步等因素,并根据上述可再生能源电力消纳责任权重要求,预计 2025 年、2030 年、2035 年湖南省光能资源技术可开发量将分别达 1500 万千瓦、2800 万千瓦、4100 万千瓦。

7)生物质规划

由于生物质发电燃料收集困难,电价机制有待进一步捋顺,并且根据国家政策，生物质发电必须建成热电联产项目，而湖南省供热需求不大，今后增长潜力相对有限。根据本省发展预期和消纳能力，预计 2025 年、2030 年、2035 年湖南省生物质发电规模分别为 150 万千瓦、200 万千瓦、250 万千瓦。

8）气电规划

湖南省的天然气资源匮乏，价格居高不下。各类型气电中，天然气分布式发电较为经济。结合湖南省的天然气资源禀赋、管网建设、国内外天然气供需形势，以及湖南省天然气发电项目前期工作进展情况，预计"十四五"期间湖南省天然气发电规模新增 30 万千瓦，其中包括浏阳市经济开发区规划建设气电规模 15 万千瓦和湘潭九华规划建设气电规模 15 万千瓦；"十五五""十六五"暂无新增计划。

9）年末装机规模

2025 年、2035 年湖南省电网口径年末装机规模如表 3-8 所示。

表 3-8　2025 年、2035 年湖南省电网口径年末装机规模

单位：万千瓦

年　份	2025 年	2030 年	2035 年
水电	1854.4	1959.4	1959.4
常规水电	1699.4	1699.4	1699.4
抽水蓄能发电	155	260	260
火电	2818	2766	2684
煤电	2668	2566	2434
生物质发电	150	200	250
风电	1200	1420	1570
太阳能发电	1500	2100	2550
其他	5.9	5.9	5.9

3.3.3　电源出力特性

3.3.3.1　火电出力

火电：最小技术出力取额定容量的 0.5。

3.3.3.2　水电出力

根据不同来水情况，分别按枯水年、平水年和丰水年考虑水电站出力逐月出力情况。水电逐月出力约束按表 2-7 确定。

3.3.3.3　光伏发电出力

对光伏发电出力的随机性进行统计分析，预测光伏发电出力 8760 曲线。其中，光伏发电最大出力占总装机规模的 66%；出力小于装机规模 10%的时间占全年 55%，小于装机规模 40%的时间占全年 91%。光伏发电出力图如图 3-11 所示。

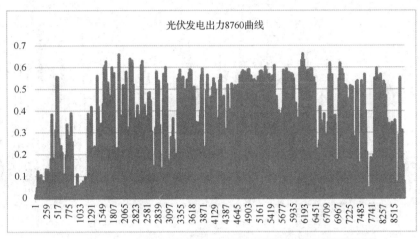

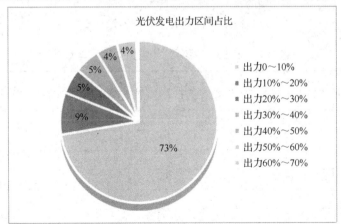

图 3-11　光伏发电出力图

3.3.3.4　风电出力

风资源的间歇式特点决定了风电出力的不确定性。下面将按照不同规模等级，对风电出力同时率进行分析。

1）2013 年全省风电场（装机规模为 33.53 万千瓦）

根据实时监控数据分析，2013 年湖南省电网并网风电出力同时率超过 30% 和 80% 的所占比重分别为 33.05% 和 0.09%，折算小时数分别约为 2895 小时和 8 小时。按区间统计，风电出力同时率在 0～30% 的所占比重为 66.95%，如图 3-12 和表 3-9 所示。

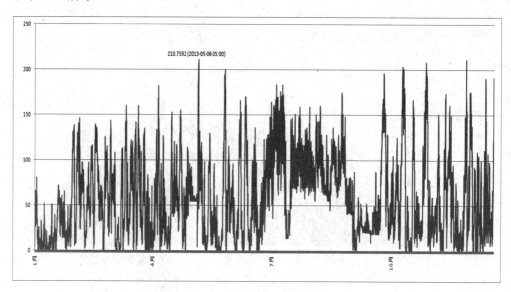

图 3-12   2013 年湖南省电网并网风电整点出力

表 3-9   2013 年湖南省风电出力同时率统计

统 计 条 件	5 分钟点数	比　重	区　　间	5 分钟点数	比　重
>30%	34738	33%	<30%	70382	67%
>40%	20999	20%	30%～40%	13739	13%
>50%	11052	11%	40%～50%	9947	10%
>60%	4404	4%	50%～60%	6648	6%
>70%	825	1%	60%～70%	3579	3%
>80%	97	0%	70%～80%	728	1%
>90%	0	0%	>80%	97	0%

2）2013 年郴州市电网投产的风电场（装机规模为 18.03 万千瓦，分别为仰天湖、后龙、水源和三十六湾风电场）

根据实时监控数据分析，2013 年郴州市电网并网风电出力同时率超过 30%

和 80%的所占比重分别为 37.98%和 0.29%，折算小时数分别约为 3327 小时和 26 小时。按区间统计，风电出力同时率在 0～30%的所占比重为 62.02%，如表 3-10 所示。

表 3-10　2013 年郴州市电网投产的风电场出力同时率统计

统 计 条 件	5 分钟点数	比　　重	统 计 条 件	5 分钟点数	比　　重
>30%	39924	37.98%	<30%	65196	62%
>40%	24487	23.29%	30%～40%	15437	15%
>50%	13214	12.57%	40%～50%	11273	11%
>60%	5533	5.26%	50%～60%	7681	7%
>70%	1469	1.40%	60%～70%	4064	4%
>80%	309	0.29%	70%～80%	1160	1%
>90%	0	0.00%	>80%	309	0%

3）2013 年郴州市宜章县电网投产的 5 万千瓦级风电场（装机规模为 14.4 万千瓦，分别为后龙、水源和三十六湾风电场）

根据实时监控数据分析，2013 年郴州市宜章县电网并网风电出力同时率超过 30%和 80%的所占比重分别为 43.09%和 0.56%，折算小时数分别约为 3774 小时和 24 小时。按区间统计，风电出力同时率在 0～30%的所占比重为 56.41%，如表 3-11 所示。

表 3-11　2013 年郴州市宜章县电网投产的 5 万千瓦级风电场出力同时率统计

统 计 条 件	5 分钟点数	比　　重	统 计 条 件	5 分钟点数	比　　重
>30%	45296	439%	<30%	59294	56%
>40%	28721	27%	30%～40%	16575	16%
>50%	15204	14%	40%～50%	13517	13%
>60%	6285	6%	50%～60%	8919	8%
>70%	2026	2%	60%～70%	4259	4%
>80%	586	1%	70%～80%	1440	1%
>90%	200	0%	>80%	386	0%

4）2013 年蓉城 220 kV 供区投产的风电场（装机规模为 13.23 万千瓦，分别为仰天湖、后龙和水源风电场）

根据实时监控数据分析，2013 年蓉城（桂阳县别称）220 kV 供区并网风电出力同时率超过 30% 和 80% 的所占比重，分别为 28.32% 和 0.27%，折算小时数分别约为 2480 小时和 280 小时。按区间统计，风电出力同时率在 0～30% 区间内，所占比重为 71.60%，如表 3-12 所示。

表 3-12   2013 年蓉城 220 kV 供区投产的风电场出力同时率统计

统 计 条 件	5 分钟点数	比　重	统 计 条 件	5 分钟点数	比　重
>30%	29765	28%	<30%	75263	72%
>40%	18529	18%	30%～40%	11236	11%
>50%	9683	9%	40%～50%	8846	8%
>60%	3695	4%	50%～60%	5988	6%
>70%	1006	1%	60%～70%	2689	3%
>80%	280	0%	70%～80%	726	1%
>90%	18	0%	>80%	262	0%

5）持续大发时间

虽然由前面的统计分析可知，80% 的时间内全省风电场的同时率在 40% 以下，但从电网安全运行和保障风电全额上网的角度出发，还应考虑风电场持续大发的运行情况。

以郴州市宜章县电网投产的 5 万千瓦级风电场（三十六湾、水源和后龙风电场，合计装机规模为 14.4 万千瓦）为例，根据实时监控出力数据统计，风电群最长持续时间为 660 分钟，此时三座风电场的平均同时率为 97.5%。不同规模持续大发时间统计结果，详见表 3-13 到表 3-17。

表 3-13   三十六湾风电场每月最长大发持续时间

月　份	规模/万千瓦	同时率在 70% 以上的时间/小时	同时率在 80% 以上的时间/小时	同时率在 85% 以上的时间/小时	同时率在 90% 以上的时间/小时
1 月份	4.8	28.7	14.3	10.3	1.6
2 月份	4.8	14.5	10.0	2.9	2.3
3 月份	4.8	22.0	15.8	11.8	4.7
4 月份	4.8	8.6	5.0	3.4	2.3
5 月份	4.8	22.8	9.3	3.8	1.8
6 月份	4.8	16.3	10.8	4.1	0.3

续表

月　份	规模/万千瓦	同时率在 70%以上的时间/小时	同时率在 80%以上的时间/小时	同时率在 85%以上的时间/小时	同时率在 90%以上的时间/小时
7 月份	4.8	24.1	13.6	9.1	3.6
8 月份	4.8	—	—	—	—
9 月份	4.8	13.0	3.3	1.1	0.3
10 月份	4.8	15.8	4.2	2.3	0.6
11 月份	4.8	8.3	3.5	2.8	0.5
12 月份	4.8	5.4	2.8	1.7	1.7

注：8 月份为坏点数据，不纳入统计范围。

表 3-14　蓉城 220 kV 供区投产的风电场每月最长大发持续时间

月　份	规模/万千瓦	同时率在 70%以上的时间/小时	同时率在 80%以上的时间/小时	同时率在 85%以上的时间/小时	同时率在 90%以上的时间/小时
1 月份	9.03	0.0	0.0	0.0	0.0
2 月份	9.83	0.0	0.0	0.0	0.0
3 月份	9.83	2.1	0.0	0.0	0.0
4 月份	10.03	16.9	9.2	2.3	0.3
5 月份	11.23	3.9	0.3	0.0	0.0
6 月份	11.23	1.5	0.0	0.0	0.0
7 月份	11.83	0.6	0.0	0.0	0.0
8 月份	11.83	4.1	0.7	0.0	0.0
9 月份	13.23	0.0	0.0	0.0	0.0
10 月份	13.23	13.2	5.8	3.1	0.8
11 月份	13.23	0.4	0.0	0.0	0.0
12 月份	13.23	4.7	1.5	0.0	0.0

表 3-15　郴州市宜章县电网投产的 5 万千瓦级风电场每月最长大发持续时间

月　份	规模/万千瓦	同时率在 70%以上的时间/小时	同时率在 80%以上的时间/小时	同时率在 85%以上的时间/小时	同时率在 90%以上的时间/小时
1 月份	10.2	0.17	0.00	0.00	0.00
2 月份	11.0	1.00	0.00	0.00	0.00
3 月份	11.0	2.75	1.00	0.00	0.00
4 月份	11.2	19.17	11.08	4.33	0.92
5 月份	12.4	15.58	15.58	15.58	15.58
6 月份	12.4	7.08	1.08	0.00	0.00

月　份	规模/万千瓦	同时率在70%以上的时间/小时	同时率在80%以上的时间/小时	同时率在85%以上的时间/小时	同时率在90%以上的时间/小时
7月份	13.0	1.83	0.58	0.08	0.00
8月份	13.0	9.17	1.58	0.08	0.00
9月份	14.4	0.00	0.00	0.00	0.00
10月份	14.4	16.75	1.42	0.00	0.00
11月份	14.4	4.92	2.25	0.25	0.00
12月份	14.4	4.75	2.92	1.83	0.17

表 3-16　郴州市电网投产的风电场每月最长大发持续时间

月　份	规模/万千瓦	同时率在70%以上的时间/小时	同时率在80%以上的时间/小时	同时率在85%以上的时间/小时	同时率在90%以上的时间/小时
1月份	13.83	0.08	0.00	0.00	0.00
2月份	14.63	0.42	0.00	0.00	0.00
3月份	14.63	1.67	0.25	0.00	0.00
4月份	14.83	18.50	10.00	1.83	0.00
5月份	16.03	15.58	4.00	0.00	0.00
6月份	16.03	2.75	0.00	0.00	0.00
7月份	16.63	1.00	0.00	0.00	0.00
8月份	16.63	9.25	1.58	0.00	0.00
9月份	18.03	0.42	0.00	0.00	0.00
10月份	18.03	3.42	0.25	0.00	0.00
11月份	18.03	0.92	0.00	0.00	0.00
12月份	18.03	4.67	2.33	0.00	0.00

表 3-17　全省风电群的风电场每月最长大发持续时间

月　份	规模/万千瓦	同时率在70%以上的时间/小时	同时率在80%以上的时间/小时	同时率在85%以上的时间/小时	同时率在90%以上的时间/小时
1月份	18.78	2.9	0.0	0.0	0.0
2月份	19.78	0.8	0.0	0.0	0.0
3月份	20.98	1.0	0.0	0.0	0.0
4月份	21.98	1.4	0.3	0.0	0.0
5月份	24.38	12.1	2.5	0.4	0.0
6月份	24.38	0.7	0.0	0.0	0.0
7月份	24.98	1.7	0.0	0.0	0.0
8月份	24.98	0.8	0.0	0.0	0.0

续表

月　　份	规模/万千瓦	同时率在 70%以上的时间/小时	同时率在 80%以上的时间/小时	同时率在 85%以上的时间/小时	同时率在 90%以上的时间/小时
9 月份	26.58	2.3	0.0	0.0	0.0
10 月份	28.78	0.9	0.0	0.0	0.0
11 月份	32.35	0.0	0.0	0.0	0.0
12 月份	33.7	0.0	0.0	0.0	0.0

6）初步结论

湖南省正处于风电场发展的初期，可获得风电的运行数据有限，通过对已投产的风电场出力特性的分析，建议不同规模风电场的同时率取值如表 3-18 所示。郴州市电网大发实时监控如图 3-13 到图 3-16 所示，全省风电群大发实时监控如图 3-17 所示。

表 3-18　不同规模风电场的同时率建议取值

规模 P/万千瓦	同时率	
	大风期（环境温度 30℃）	最热期（环境温度 35℃）
$P \leqslant 5$	1.00	1.00
$5 < P \leqslant 10$	1.00	0.95
$10 < P \leqslant 13$	1.00	0.90
$13 < P \leqslant 15$	0.95	0.85
$15 < P \leqslant 20$	0.90	0.80

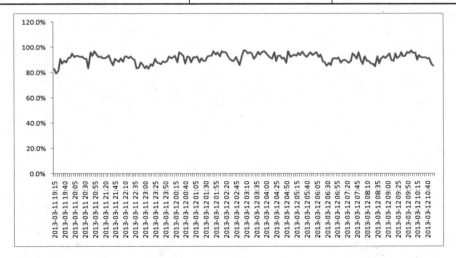

图 3-13　三十六湾风电场大发实时监控（同时率超过 0.8）

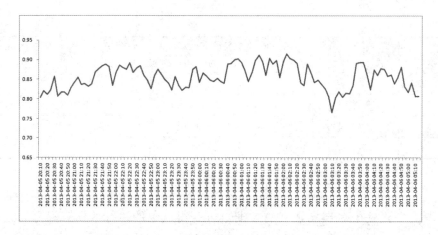

图 3-14　蓉城 220 kV 供区风电群大发实时监控（同时率超过 0.8）

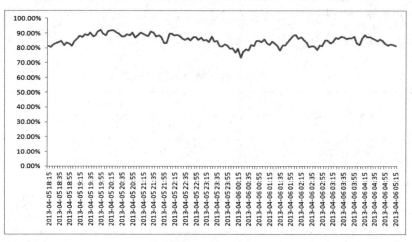

图 3-15　郴州市宜章县风电群大发实时监控（同时率超过 0.8）

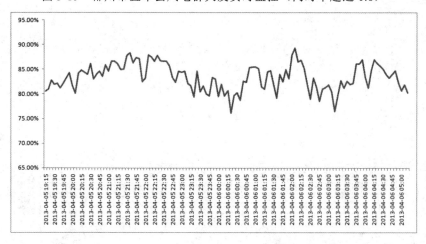

图 3-16　郴州市电网风电群大发实时监控（同时率超过 0.8）

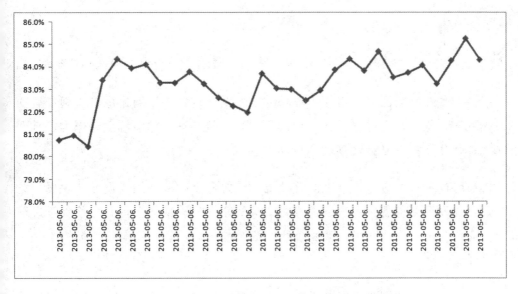

图 3-17　全省风电群大发实时监控（同时率超过 0.8）

3.3.4　多资源协同调峰优化机制

综合火电、抽水蓄能、储能等多资源协同调峰优化机制，通过日前 - 日内两阶段优化，可在满足系统深度调峰需求的同时尽可能降低调峰服务费。

日前调峰辅助服务市场以运行日调峰服务费总额最小化为目标，根据出清结果确定运行日火电机组启停调峰计划、抽水蓄能电站机组抽水电力曲线及储能电站充电功率计划曲线，而火电机组深度调峰电力出清结果不作为运行日执行依据。

通过优化整合本地电源侧、电网侧、负荷侧资源，以先进技术突破和体制机制创新为支撑，探索构建源网荷储高度融合的新型电力系统发展路径，主要包括区域（省）级、市（县）级、园区（居民区）级"源网荷储一体化"等具体模式。

（1）充分发挥负荷侧的调节能力。依托"云大物移智链"技术，进一步加强源网荷储多向互动，通过虚拟电厂等一体化聚合模式，参与电力中长期、辅助服务、现货等市场交易，为系统提供调节支撑能力。

（2）实现就地就近、灵活坚强发展。增加本地电源支撑，提升负荷响应能力，降低对大电网的调节支撑需求，提高电力设施利用效率。

（3）通过坚强局部电网建设，提升重要负荷中心应急保障和风险防御能力。

（4）激发市场活力，引导市场预期。主要通过完善市场化电价机制，调动市场主体积极性，引导电源侧、电网侧、负荷侧和独立储能等主动作为、合理布局、优化运行，从而实现科学健康发展。

利用存量常规电源，合理配置储能，统筹各类电源规划、设计、建设、运营，优先发展新能源，积极实施存量"风光水火储一体化"提升，稳妥推进增量"风光水（储）一体化"，探索增量"风光储一体化"，严控增量"风光火（储）一体化"。

（1）强化电源侧灵活调节作用。充分发挥流域梯级水电站、具有较强调节性能水电站、火电机组、储能设施的调节能力，减轻送受端系统的调峰压力，力争各类可再生能源综合利用率保持在合理水平。

（2）优化各类电源规模配比。在确保安全的前提下，最大化利用新能源，稳步提升输电通道输送可再生能源电量的比重。

（3）确保电源基地送电可持续性。统筹优化近期开发外送规模与远期自用需求，在确保中长期近区电力自足的前提下，明确近期可持续外送规模，超前谋划好远期电力接续。

依托湖南省省级电力辅助服务、中长期和现货市场等体系建设，公平无歧视地引入电源侧、负荷侧、独立电储能等市场主体，全面放开市场化交易，通过价格信号引导各类市场主体灵活调节、多向互动，推动建立市场化交易用户参与承担辅助服务的市场交易机制，培育用户负荷管理能力，提高用户侧调峰积极性。依托 5G 等现代信息通信技术及智能化技术，加强全网统一调度，研究建立源网荷储灵活高效互动的电力运行与市场体系，充分发挥区域电网的调节作用，落实电源、用户、储能、虚拟电厂参与市场机制。在重点城市开展源网荷储一体化坚强局部电网建设，梳理城市重要负荷，研究局部电网结构加强方案，提出保障电源以及自备应急电源配置方案。结合清洁取暖和清洁能源消纳工作开展市（县）级源网荷储一体化示范，研究热电联产机组、新能源电站、灵活运行电热负荷一体化运营方案。以现代信息通信、大数据、人工智能、储能等新技术为依托，运用"互联网+"新模式，调动负荷侧调节响应能力。在城市商业区、综合体、居民区，依托光伏发电、并网型微电网和充电基础等设施，开展分布式发电与电动汽车（用户储能）灵活充放电相结合的园区（居民区）级源网荷储一体化建设。在工业负荷大、新能源条件好的地区，支持分布式电源开发建设和就近接入消纳，结合增量配电网等工作，开展源网荷储一体化绿色供电园区建设。研究源网荷储综合优化配置方案，提高系统平衡能力。

推进多能互补，提升可再生能源消纳水平。对于存量新能源项目，结合新能源特性、受端系统消纳空间，研究论证增加储能设施的必要性和可行性。对于增量风光储一体化，优化配套储能规模，充分发挥配套储能调峰、调频作用，最小化风光储综合发电成本，提升综合竞争力。对于存量水电项目，结合送端水电出力特性、新能源特性、受端系统消纳空间，研究论证优先利用水电调节性能消纳近区风光电力、因地制宜增加储能设施的必要性和可行性，鼓励通过龙头电站建设优化出力特性，实现就近打捆。对于增量风光水（储）一体化，按照国家及地方相关环保政策、生态红线、水资源利用政策要求，严控中小水电建设规模，以大中型水电为基础，统筹汇集送端新能源电力，优化配套储能规模。对于存量煤电项目，优先通过灵活性改造提升调节能力，结合送端近区新能源开发条件和出力特性、受端系统消纳空间，努力扩大就近打捆新能源电力规模。对于增量基地化开发外送项目，基于电网输送能力，合理发挥新能源地域互补优势，优先汇集近区新能源电力，优化配套储能规模；在不影响电力（热力）供应前提下，充分利用近区现役及已纳入国家电力发展规划煤电项目，严控新增煤电需求；外送输电通道可再生能源电量比例原则上不低于 50%，优先规划建设比例更高的通道；落实国家及地方相关环保政策、生态红线、水资源利用等政策要求，按规定取得规划环评和规划水资源论证审查意见。对于增量就地开发消纳项目，在充分评估当地资源条件和消纳能力的基础上，优先利用新能源电力。

3.4 调峰平衡计算

3.4.1 调峰缺口测算

3.4.1.1 湖南省电网 2025 年调峰缺口测算

预计 2025 年湖南省全社会最大负荷为 5400 万千瓦，全社会用电量为 2600 亿千瓦时，"十四五"用电增速分别为 6.5% 和 6.2%。

考虑湖南省最大需求响应能力，按负荷 5% 测算，"十四五"期间，考虑核准在建、已纳入规划电源。已达到服役年限的华岳电厂一期、耒阳电厂一期共退役 114.5 万千瓦机组，投运平江抽水蓄能电站 35 万千瓦。2025 年全省最大电力缺口为 742 万千瓦。湖南省电网"十四五"期间电力供应方案如表 3-19 所示。

表 3-19　湖南省电网"十四五"期间电力供应方案

单位：万千瓦

项　　目	2021 年	2022 年	2023 年	2024 年	2025 年	总　　计
国电益阳电厂三期	—	—	200	—	—	200
大唐华银株洲电厂退城进郊	—	—	—	200	—	200
石门电厂三期	—	—	—	—	132	132
浏阳电厂	—	—	—	—	200	200
合计容量	—	—	200	200	332	732

结合煤电前期工作开展情况及投产可实施性，"十四五"期间规划新增 732 万千瓦煤电，保障电力供应。预计新增国电益阳电厂、大唐华银株洲电厂、石门电厂及浏阳电厂，投产规模及时序具体方案如下：

新能源利用率：考虑丰水年情况，根据生产模拟平衡软件测算结果，预计 2025 年弃风 42.2 亿千瓦时，弃电率为 17.9%；预计弃光 13.1 亿千瓦时，弃电率为 11.7%；新能源综合弃电量为 55.3 亿千瓦时，弃电率为 15.9%。

调峰缺口：全年最大调峰缺口为 668 万千瓦，发生在汛期 5 月份，其次为全年峰谷差最大的 2 月份，调峰需求较大，缺口为 552 万千瓦，此外，由于光伏发电装机规模的迅速增长，10 月份出现较大的调峰缺口，缺口为 544 万千瓦。

图 3-18 和表 3-20 分别为 2025 年基础方案湖南省电网调峰缺口统计图和 2025 年基础方案湖南省电网四季典型日调峰平衡表。由此可知，全年均存在不同程度的调峰缺口，调峰困难主要集中在三个时段，迎峰度冬期间（主要在 2 月份），丰水期（3—5 月份）以及 9—10 月份。2025 年基础方案湖南省电网调峰缺口持续小时数统计表如表 3-21 所示。

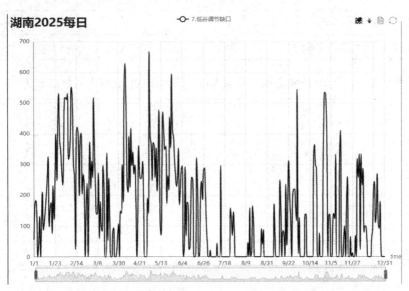

图 3-18　2025 年基础方案湖南电网调峰缺口统计图

表 3-20　2025 年基础方案湖南省电网四季典型日调峰平衡表

项　　目	春　季	夏　季	秋　季	冬　季
高峰时刻	20:00	20:00	19:00	20:00
低谷时刻	13:00	4:00	13:00	3:00
一、系统调峰需求/万千瓦	1511.2	1074.4	1233.1	1746.4
1. 负荷调峰需求/万千瓦	544.9	1219.3	520.7	1953.8
2. 直流线路调峰需求/万千瓦	-9.9	-676	-4.7	-372.2
3. 风电调峰需求/万千瓦	145	531.1	-62	164.9
4. 光伏发电调峰需求/万千瓦	831.3	0	779	0
二、系统调峰利用/万千瓦	843.4	989.6	689.4	1194.5
1. 抽水蓄能、储能/万千瓦	422.8	320.8	393.4	422.8

续表

项　目	春　季	夏　季	秋　季	冬　季
2．水电调峰/万千瓦	262.9	348	196.8	339.5
3．煤电调峰/万千瓦	157.7	320.8	99.2	432.2
4．低谷调节缺口电量/万千瓦时	667.8	84.8	543.6	552
低谷弃风电量/万千瓦时	224.3	84.8	112.4	552
低谷弃光电量/万千瓦时	323.1	0	351.2	0
低谷弃水电量/万千瓦时	120.4	0	80	0
低谷调节不足电量/万千瓦时	0	0	0	0

表 3-21　2025 年基础方案湖南省电网调峰缺口持续小时数统计表

项　目	春季 （3—6 月份）	夏季 （7—8 月份）	秋季 （9—11 月份）	冬季 （12—2 月份）	全　年
调峰缺口>0 万千瓦的时间/小时	1319	381	680	812	3192
调峰缺口>400 万千瓦的时间/小时	7	0	22	80	109
调峰缺口>800 万千瓦的时间/小时	0	0	0	0	0

调峰不足原因分析：一是 3—5 月份汛期水电出力基础负荷大，凌晨时段风电大发且负荷较小，系统调峰能力不足，通过弃水、弃风调峰维持电力平衡。随着新能源装机规模的递增，新能源消纳形势将更加严峻。二是全年最大峰谷差出现在 2 月份，因为春节期间晚间供暖负荷大幅提高，此时大工业放假，低谷负荷较平时降低，负荷调峰需求最大。三是 10 月份负荷整体水平不高，午高峰负荷仅占全年最大负荷的 53%左右，而午高峰时刻光伏发电出力能达到装机规模的 70%左右，因此随着光伏发电大规模的递增，未来中午时刻将会出现弃光调峰。

全年缺口持续小时分析：全年大范围存在调峰缺口，400 万千瓦以上的调峰缺口为 109 小时。在春季持续小时数最大，为 1319 小时，原因是 4—6 月份为湖南省汛期，基础负荷水平较低，风电和水电同时大发，需弃风弃水调峰。夏季和秋季的持续小时数分别为 381 和 680 小时左右，这是因为光照充沛，光伏发电大发。冬季则是在春节期间，峰谷差为全年最大，调峰需求大，持续小时数为 812 小时。

3.4.1.2 湖南省电网 2030 年调峰缺口测算

预计 2030 年湖南省全社会最大负荷为 6900 万千瓦，全社会用电量为 3310 亿千瓦时，"十五五"用电增速分别为 5.0%和 4.9%。

考虑湖南最大需求响应能力，按负荷 5%测算，已达到服役年限的大唐湘潭电厂和国电益阳电厂共退役 132 万千瓦机组，"十五五"期间考虑引入宁夏直流，送电能力按照 800 万千瓦考虑，续建平江抽水蓄能电站（105 万千瓦）。考虑在 2025 年电力缺口补平的基础上，全省最大电力缺口为 1007 万千瓦。

结合湖南省煤电中长期储备项目，若考虑 2030 年基础方案，电力缺口全由煤电补齐，则"十五五"期间需要规划新增煤电装机规模为 1000 万千瓦。

新能源利用率：考虑丰水年情况，根据生产模拟平衡软件测算结果，预计 2030 年弃风 41 亿千瓦时，弃电率为 15%；预计弃光 26 亿千瓦时，弃电率为 13.6%；新能源综合弃电量为 67.1 亿千瓦时，弃电率为 14.4%。

调峰缺口：全年最大调峰缺口为 1120 万千瓦，发生在 4 月份，其次在 10 月份，调峰缺口为 1042 万千瓦。此外，全年最大峰谷差发生在 2 月份，调峰需求较大，调峰缺口为 922 万千瓦。

图 3-19 和表 3-22 分别为 2030 年基础方案湖南省电网调峰缺口统计图和基础方案湖南省电网四季典型日调峰平衡表。由结果可知，全年均存在不同程度的调峰缺口，调峰困难主要集中在三个时段，迎峰度冬期间（主要在 2 月份）、丰水期（3—5 月份）以及 9—10 月份。

缺口全年持续小时分析：湖南省全年大范围存在调峰缺口，400 万千瓦以上的调峰缺口为 408 小时，800 万千瓦以上的调峰缺口为 49 小时。持续小时数在春季最大，为 1269 小时，原因是 4—6 月份为湖南省汛期，且基础负荷水平较低，风电和水电同时大发，需弃风弃水调峰。夏秋两季，持续小时数均为 500 小时左右，这是因为夏季光照充沛，光伏大发。冬季则是在春节期间，峰谷差为全年最大，调峰需求大，持续小时数为 762 小时。2030 年基础方案湖南省电网调峰缺口持续小时数统计如表 3-23 所示。

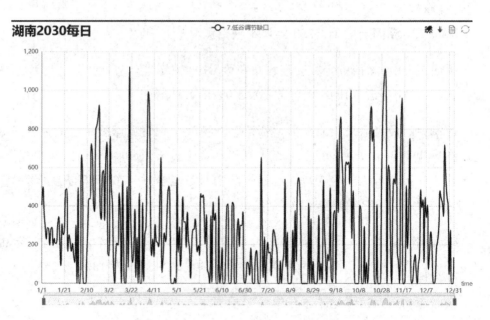

图 3-19　2030 年基础方案湖南省电网调峰缺口统计图

表 3-22　2030 年基础方案湖南省电网四季典型日调峰平衡表

项　目	春　季	夏　季	秋　季	冬　季
高峰时刻	21:00	21:00	19:00	20:00
低谷时刻	11:00	14:00	13:00	2:00
一、系统调峰需求/万千瓦	2183.5	1847.8	1964.3	2859.7
1. 负荷调峰需求/万千瓦	1133.1	710.6	868.6	3367.4
2. 直流线路调峰需求/万千瓦	243.6	−8	0	−638.7
4. 风电调峰需求/万千瓦	−212.6	−144.2	−157.3	201.4
5. 光伏发电调峰需求/万千瓦	1019.4	1289.3	1253	0
二、系统调峰利用/万千瓦	0	0	0	0
1. 抽水蓄能、储能/万千瓦	530.8	530.8	530.8	530.8
2. 水电调峰/万千瓦	343.3	38.4	209.6	273
3. 煤电调峰/万千瓦	189.4	731.2	182.2	1134.2
4. 低谷调节缺口电量/万千瓦时	1120.1	547.4	1041.7	921.7
低谷弃风电量/万千瓦时	318.7	112.7	270.6	921.7
低谷弃光电量/万千瓦时	590.4	384.2	771.2	0
低谷弃水电量/万千瓦时	211	50.5	0	0
低谷调节不足电量/万千瓦时	0	0	0	0

表 3-23　2030 年基础方案湖南省电网调峰缺口持续小时数统计

项　　目	春季 （3—6 月份）	夏季 （7—8 月份）	秋季 （9—11 月份）	冬季 （12—2 月份）	全　　年
调峰缺口>0 万千瓦 的时间/小时	1554	506	503	762	3385
调峰缺口>400 万千 瓦的时间/小时	81	20	116	191	408
调峰缺口>800 万千 瓦的时间/小时	12	0	22	15	49

3.4.1.3　湖南省电网 2035 年调峰缺口测算

预计 2035 年湖南省全社会最大负荷为 8000 万千瓦，全社会用电量为 3800 亿千瓦时，"十六五"用电增速分别为 3.0% 和 2.8%。

考虑湖南省电网最大需求响应能力，按负荷 5% 测算，"十六五"期间，已达到服役年限的华电石门电厂和耒阳电厂二期共退役 132 万千瓦的机组。"十六五"计划从藏东南地区引入第三条直流，送电规模按 800 万千瓦考虑。在 2030 年电力缺口补平的基础上，预测全省最大电力缺口为 549 万千瓦。

结合湖南省煤电中长期储备项目，若考虑 2035 年基础方案，电力缺口全由煤电补齐，则"十六五"期间需要规划新增煤电装机规模为 600 万千瓦。

新能源利用率：考虑丰水年情况，根据生产模拟平衡软件测算结果，预计 2035 年弃风 50 亿千瓦时，弃电率为 16.4%；预计弃光 48.4 亿千瓦时，弃电率为 20.5%；新能源综合弃电量为 98.4 亿千瓦时，弃电率为 18.2%。

调峰缺口：全年最大调峰缺口为 1164 万千瓦，发生在 10 月份，其次为全年峰谷差最大的 2 月份，调峰缺口为 887 万千瓦。此外，在汛期的 4 月份，调峰需求较大，缺口为 812 万千瓦。2035 年基础方案湖南省电网四季典型日调峰平衡表如表 3-24 所示。

表 3-24　2035 年基础方案湖南省电网四季典型日调峰平衡表

项　　目	春　季	夏　季	秋　季	冬　季
高峰时刻	20	21	19	19
低谷时刻	13	14	12	4

续表

项　目	春　季	夏　季	秋　季	冬　季
一、系统调峰需求/万千瓦	2222.2	2408.7	2143.4	2902.5
1．负荷调峰需求/万千瓦	492.3	1084.7	431.8	4113.4
2．直流线路调峰/万千瓦	-10.7	-159.2	-111.9	-1105
3．风电调峰需求/万千瓦	204.1	-6.8	-43.7	-105.3
4．光伏发电调峰需求/万千瓦	1536.5	1490.1	1867.2	-0.1
二、系统调峰利用/万千瓦	1410.3	1597.8	979.8	1662.6
1．抽水蓄能、储能/万千瓦	530.8	530.8	530.8	530.8
2．水电调峰/万千瓦	448.7	31	229.3	225.4
3．煤电调峰/万千瓦	430.8	1036	219.7	1259.3
4．低谷调节缺口电量/万千瓦时	812	810.9	1163.5	887.1
5．低谷弃风电量/万千瓦时	122.1	25.4	85.8	887.1
6．低谷弃光电量/万千瓦时	522.7	785.5	1077.7	0
7．低谷弃水电量/万千瓦时	167.2	0	0	0
8．低谷调节不足电量/万千瓦时	0	0	0	0

缺口全年持续小时分析：全年大范围存在调峰缺口，400 万千瓦以上的调峰缺口为 937 小时，800 万千瓦以上的调峰缺口为 144 小时。持续小时数在春季最大，为 1306 小时，原因是 4—6 月份为湖南省汛期，且基础负荷水平较低，风电和水电同时大发，需弃风弃水调峰。在夏秋两季，持续小时数分别为 828 小时和 846 小时，这是因为光照充沛，光伏大发。冬季则是在春节期间，峰谷差为全年最大，调峰需求大，持续小时数为 854 小时。2035 年基础方案湖南省电网调峰缺口持续小时数统计如表 3-25 所示。

表 3-25　2035 年基础方案湖南省电网调峰缺口持续小时数统计

单位：小时

项　目	春季 （3—6 月份）	夏季 （7—8 月份）	秋季 （9—11 月份）	冬季 （12—2 月份）	全　年
调峰缺口>0 万千瓦的时间/小时	1306	828	846	854	3834
调峰缺口>400 万千瓦的时间/小时	212	87	252	386	937
调峰缺口>800 万千瓦的时间/小时	24	1	103	16	144

2035 年基础方案湖南省电网调峰缺口统计图如图 3-20 所示。

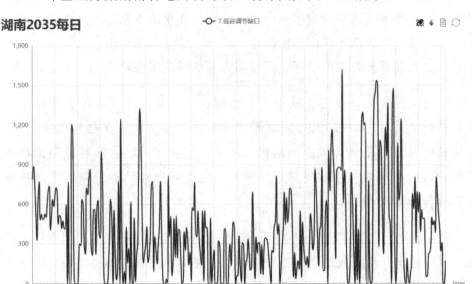

图 3-20　2035 年基础方案湖南省电网调峰缺口统计图

3.4.2　调峰不足原因分析

从需求侧来看，近年来湖南省用电量和最大负荷快速增长，2015—2020 年的年均用电量增速超过 5%、最大负荷增速超过 7.5%，增速居于全国前列。用电负荷结构呈现"第三产业、居民生活用电负荷占比高，采暖降温用电负荷占比高"的"双高"特点。2019 年，湖南省第三产业和居民生活用电负荷合计占比高达 46.1%，高于全国平均水平 15.5 个百分点，采暖降温用电负荷占比超过 40%，高于全国平均水平将近 20 个百分点。而第三产业和居民生活用电负荷高峰时段和电网高峰时段存在较大重合，即这种用电结构放大了天气因素对用电负荷的影响，在极寒天气时高峰时段用电负荷激增。

从供应侧来看，湖南省受其资源禀赋影响，水电装机规模占比相对较高，火电装机规模占比相对较低，且近年来由于火电利用小时数低等多方面原因，火电装机规模持续降低，而风电等新能源装机规模持续上升。截至 2019 年年底，湖南省火电、水电、风电、太阳能发电装机规模占总装机规模的比重分别为 48.8%、34.5%、9.1%、7.4%，其中火电、水电装机规模占比分别居全国第 26

位、第 7 位，较低的火电装机规模造成了湖南省能提供稳定出力且可以调节的电源不足，即系统调峰能力严重不足。特别是冬季进入枯水期，水电出力严重受限，这进一步加剧了供应侧的压力。此外，受外来电通道能力限制，外来电不足，加之部分火电机组故障，多重因素叠加导致了调峰能力的不足。

值得注意的是，湖南省缺电主要体现在高峰负荷时段的电力供应不足，同时结合上述分析可以看出，与之前由于电力装机规模不足导致的缺电不同，此次缺电体现的是电力供应的结构性矛盾，是由于系统有效容量和调峰能力不足造成的"缺电力不缺电量"问题，且这个问题伴随着未来新能源装机规模的提升将越发凸显。

湖南省电网的需求侧管理主要以有序用电和能效提升为主，湖南省电网启动了有序用电，积极应对用电需求高峰。有序用电在合理调整电力供需平衡，更好地优先保障民生、重点企业、重点行业、重点场所正常用电方面发挥了重要作用。但以行政手段为主的有序用电难以有效应对电网灵活性需求不断提升的新问题。

3.4.3 协同调峰平衡计算[99]

随着新能源快速发展和新型用能设备广泛接入，电力系统运行特性将发生显著变化。以风电、光伏发电为代表的新能源发电、以电动汽车为代表的新型用能设备将进一步拉大电力负荷峰谷差，降低电网效率，对传统配电网规划提出了挑战。协同的电力调峰平衡是新型电力系统规划的核心，平衡结果决定了电网建设的规模和电网规划的效益。现有的电力调峰平衡方法不适应新型电力系统规划，不能考虑新能源、储能、需求响应和微网等新型平衡资源的作用，不能考虑源网荷储协同的效果。新型调峰平衡资源考虑得越多，电网越经济，但风险也越大，因此需要对平衡结果进行折中和优化。一体化调峰平衡在负荷预测基础上，综合考虑源网荷储等各方面灵活资源参与电力平衡后，得到计算负荷，在此基础上进行电网规划。源网协同的电力调峰平衡方法和流程如图 3-21 所示。

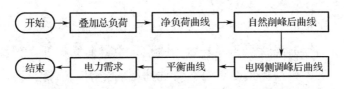

图 3-21 源网协同的电力调峰平衡方法和流程

从图 3-21 可以看出，源网协同的电力调峰平衡方法和流程主要包括叠加总负荷、净负荷曲线、自然削峰后曲线、电网侧调峰后曲线、平衡曲线、电力需求，平衡的关键是新兴负荷预测和灵活资源叠加次序。

电厂出力通过分布式常规电源、新能源和电源侧储能等因素综合分析计算得出，电厂出力曲线叠加总负荷曲线后得到净负荷曲线。选取最常见的分布式光伏发电开展装机规模预测研究。近期规模预测以报装为主。对于远期规模预测，首先主要结合本地光伏资源禀赋，以及楼宇、企业庭院、屋顶等空间利用实际情况计算远期潜力，然后考虑环保、技术因素以及经济等政策因素得到预测结果。净负荷曲线计算流程如图 3-22 所示。

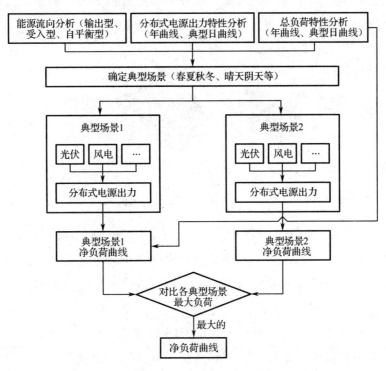

图 3-22 净负荷曲线计算流程

在能源流向方面，受入型能源更注重负荷高峰时分布式电源的削峰作用，输出型能源更注重低谷负荷时分布式电源的上送能力。分析区域内主流分布式能源各自的出力年曲线特征和春夏秋冬四季典型日曲线特征，初步分析春夏秋冬和晴天阴天各类典型场景对总负荷特性曲线的影响，选择影响最大的一个或多个典型场景作为本区域净负荷曲线计算典型场景。

1）计算典型场景的分布式电源出力特征曲线

在各典型场景中叠加主流分布式电源出力曲线，可得到各典型场景的分布式电源出力特征曲线。

2）计算典型场景的净负荷曲线

在各典型场景的分布式电源出力特征曲线上叠加总负荷特征曲线，可得到各典型场景的净负荷曲线。

3）分析得到的净负荷曲线

分析各典型场景的净负荷曲线，选择负荷绝对值最大的场景净负荷曲线作为本区域的净负荷曲线，净负荷曲线拟合如图 3-23 所示。

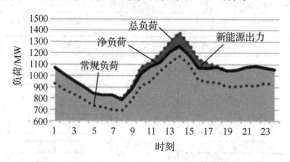

图 3-23　净负荷曲线拟合图

对于分布式电源，无论常规电源还是新能源发电，通常都不具备调峰作用，尤其新能源发电出力的随机性和波动性对电网安全提出考验。电源侧储能主要是平滑新能源发电输出、跟踪计划出力、增加波动电源出力调节能力，支持高比例新能源接入，减少弃风、弃光电量。电网安全是第一位要考虑的，在极端情况发生时电网安全由电网裕度解决，即除了考虑电源侧储能不考虑其他措施情况下，电网裕度至少要保证主变和线路不重载（不超载）。

极限校验一："负荷高峰时，新能源出力为 0"，即"大负荷、小出力"，此时电网下送功率最大，主要针对受入型能源，在考虑电源侧储能参与情况（电源小出力时放电）下校验电网裕度至少要保证主变和线路不重载（不超载）。

极限校验二："负荷低谷时，新能源满发"，即"小负荷、大出力"，此时电网倒送功率（如果发生）最大，主要针对输出型能源，在考虑电源侧储能参与情况（电源大出力时储能）下校验电网裕度至少要保证电网倒送功率时主变和线路不重载（不超载）。

用户主动削峰填谷包含基于价格的需求响应和用户侧储能。用户对分时电价、碳交易等效益与投资管理成本进行比较，根据对比得到的收益结果决定是否参与削峰填谷，收益越大，参与削峰填谷的用户就越多。用户侧是否自发开展削峰填谷主要受相关政策影响。此外，用户主动削峰填谷行为受用户利益驱动。

（1）基于价格的需求响应预测方法。基于价格的需求响应是指用户按照电价的不同（包括分时电价、实时电价和高峰电价等）来调整自身用电情况，根据自身情况调整用电时间，充分利用低电价时段，减少电费支出。

分时电价（Time of Use Pricing，TUP）：固定电价转变为不同时段的不同价格机制，用电低谷价格下降，用电高峰价格上升，如峰谷电价、季节电价等。

实时电价（Real Time Pricing，RTP）：更短的电价更新周期，周期为 1 h 或更短。TUP 无法应对短期容量短缺，因此在这种情况下 RTP 更合理。

高峰电价（Critical Peak Pricing，CPP）：RTP 对于量测基础设施和营销系统有较高要求，初期可以结合 TUP 以及动态的 CPP，CPP 价格预先设定，提前一定时间通知用户，可以起到抵御突发用电高峰的效果。

需要特别注意的是，实行阶梯电价严格来说不是真正意义的需求响应措施，无法达到准确调整需求的目的，只能起到一定的降低能耗目标。

基于价格的需求响应方式主要是错峰用电，主要影响因素为电价政策和其他相关政策。在外部条件保持不变的情况下，基于价格的需求响应基本维持不变。总负荷曲线中已经包含了现状的基于需求响应影响部分，因此基于价格的需求响应可以认为是"0"。当相关政策发生变化时，定性分析以"S 形曲线"方式给出增加量，将增加量作为基于价格的需求响应值。

（2）用户侧储能预测方法。用户侧储能通过峰谷电价差，以"低谷充电，高峰放电"的模式实现盈利，同时用户侧储能还会带来动态扩容、降低需量电费、获取需求响应补贴等较明显的经济收益。用户侧储能方式不仅包括直接充放电方式，还包括低电价时蓄热（冷）、高电价时放热（冷）等方式。

用户侧储能的主要影响因素为分时相关政策、储能技术、储能投资单价变化。在外部条件保持不变情况下，基于价格的用户侧储能基本维持不变。当相关政策、储能技术、储能投资单价发生变化时，定性分析以"S 形曲线"方式给出增加量，将增加量作为用户侧储能增加值。

（3）自然削峰后曲线拟合。用户主动削峰填谷曲线叠加净负荷曲线后可得到自然削峰后曲线，如图 3-24 所示。

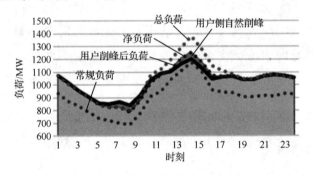

图 3-24　自然削峰后曲线

配电网电网侧调峰的主要手段是储能调峰和需求响应调峰。储能调峰可按预先制定的充放电策略迅速进行，可控性较需求响应调峰更强，虽然单位容量储能投资较大，但充分利用仍可获得较高收益，随着未来储能成本的降低，收益会更加明显，因此平衡过程优先考虑储能调峰，其中分布式储能调峰是最主要的手段。电网侧调峰通常以电网企业为主，以电网企业经济利益为主要出发点，所以电网企业更倾向于每天频繁进行电网侧调峰。

电网侧储能主要通过削峰填谷，实现灵活的充放电特性，优化电网调度、电网容量，减少电网再投资，促进新能源的优化配置和利用。以全寿命周期最小费用评估法来配置电网侧储能。基于现行静态模型，为了满足同样的削峰填谷，从电网企业角度分析电网侧储能和电网建设投入平衡点，平衡点左侧电网侧储能的经济性更好，平衡点右侧电网建设的经济性更好。电网侧储能建设与电网建设盈亏模型如图 3-25 所示。电网侧储能建设与电网建设盈亏平衡点是以自然调峰后典型日曲线为基础计算的。

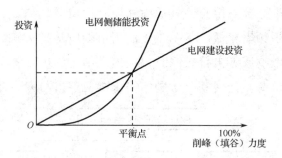

图 3-25　电网侧储能建设与电网建设盈亏模型

电网侧储能削峰填谷示意图如图 3-26 所示。

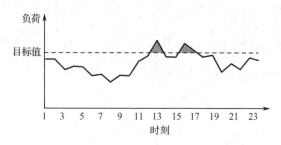

图 3-26　电网侧储能削峰填谷示意图

电网侧储能建设容量的主要影响因素是自然削峰后曲线平滑程度、单位电网投资、单位储能投资等。自然削峰后曲线波动越大，电网侧储能削峰（填谷）作用就越大。随着储能技术进步、工艺成熟，储能单价越来越低；另外，电网建设难度越来越大，使单位容量投资不断增大。此消彼长，电网侧储能在削峰填谷的作用日益增大。电网侧储能削峰填谷曲线叠加自然削峰后曲线，可得到电网侧调峰后曲线，如图 3-27 所示。

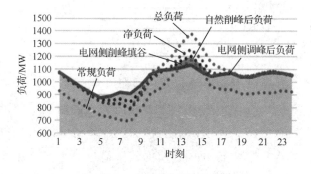

图 3-27　电网侧调峰后曲线

　　基于激励的需求响应通常由电网企业主导提出，用户根据自身利益进行互动，因此基于激励的需求响应能同时满足电网企业和用户的经济利益，但在响应过程中或多或少地会对用户的舒适性和便利性造成影响，通常只在负荷高峰出现时使用，使用频率较低。基于激励的需求响应是指实施需求响应的机构在系统可靠性受到影响或者电价较高时，根据已制定的可行激励机制来激励用户及时响应并削减负荷。开展基于激励的需求响应各参与方收益如图 3-28 所示。

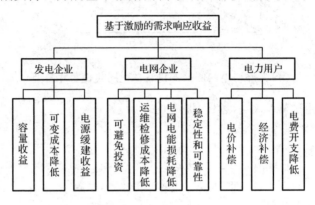

图 3-28　各参与方收益

　　开展基于激励的需求响应各方成本如图 3-29 所示。

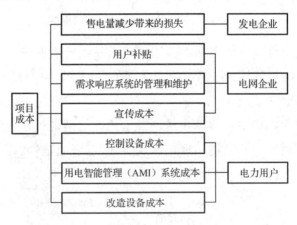

图 3-29　各参与方成本

　　基于激励的需求响应的电量单位费用远低于常规电价，通常会有足够的用户愿意参与，需要以全寿命周期最小费用评估法来确定基于激励的需求响应的规模。基于现行静态模型，为了满足同样的削峰填谷要求，从电网企业角度分析基于激励的需求响应成本和电网建设投入平衡点，平衡点左侧是基于激励的需求响应的经济性更好，平衡点右侧电网建设方式的经济性更好。基于激励的需求响应成本与电网建设盈亏模型如图 3-30 所示。

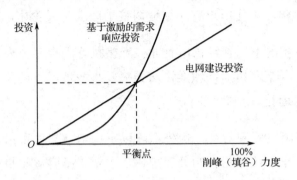

图 3-30　基于激励的需求响应成本与电网建设盈亏模型

平衡点的计算过程如下。

（1）计算单位负荷新增电网容量投资。单位负荷新增电网容量按照 2600 元/千瓦考虑。

（2）计算基于激励的需求响应电网企业成本。为简化计算，基于激励的需求响应电网企业成本仅考虑用户补贴费用。

（3）分析盈亏平衡点。以全年整点自然调峰后曲线为基础，计算基于激励的需求响应电网企业成本与电网建设盈亏平衡点。基于激励的需求响应削峰填谷示意图如图 3-31 所示。

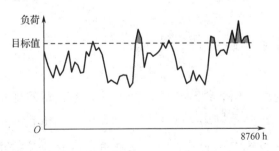

图 3-31　基于激励的需求响应削峰填谷示意图

建立由政府主导的有序用电政策，在出现极端情况时作为源网荷储协同的电力平衡兜底和应急保障，其余时间不予考虑使用有序用电政策。采用有序用电政策，可以缓解高峰时段电力供应紧张矛盾，确保电网安全稳定运行。有序用电基本原则如下：

（1）在调控方式上，原则上按照先错峰、后避峰、再限电的顺序安排用户有序用电，将影响控制在最小程度。当电网供电能力发生变化时，均衡调整相关用户的用电限额，以便用户有计划地调整生产班次或轮休，从而避峰用电。

（2）在紧急状况下，各级供电企业应严格执行限电序位表、处置电网大面积停电事件应急预案和黑启动预案，增强突发事故情况下的反应处置能力，确保电网总体稳定运行。

（3）有保有限，区别对待，优先保障以下用电：居民生活，排灌、化肥生产等农业生产用电；应急指挥和处置部门，主要包括党政军机关，以及广播、电视、电信、交通、监狱等关系国家安全和社会秩序的用户；危险化学品生产、矿井等停电将导致重大人身伤害或设备严重损坏企业的保安负荷；重大社会活动场所、医院、金融机构、学校等关系群众生命财产安全的用户；供水、供热、供能等基础设施用户；国家重点工程、军工企业。

（4）重点限制以下用电：违规建成或在建项目；产业结构调整目录中淘汰类、限制类企业；单位产品能耗高于国家或地方强制性能耗限额标准的企业；景观照明、亮化工程；其他高耗能、高排放企业。

加强技术手段控制负荷，对在规定时间开始后 30 min 内仍未按要求落实有序用电措施的用电企业，电力运行管理部门授权当地供电公司通过多种技术手段进行限电或全厂停电。

3.4.4 智能调峰平衡计算[100]

湖南省电网地处我国腹地，处于电网末端，是典型的受端电网。湖南省电网基础负荷较低，近年来湖南省风电、光伏发电发展迅猛，预计未来新能源装机规模占比仍将保持快速增长的趋势，这使得湖南省新能源装机规模增速远超电网负荷自然增长速度。除此之外，湖南省 80% 以上的水电调节性能较差，而且具有风水同期的特性，这不仅导致新能源消纳困难，还加重了电网低谷调峰难度，2020 年电网最大峰谷差为 1500 万千瓦，平均峰谷差为 880 万千瓦[100]。湖南省目前处于工业化中期阶段，预计近期电力负荷维持中高速增长，但区内水电资源开发殆尽，化石发电增长形势严峻，新能源开发总量有限，未来高峰时段存在电力供应紧张的可能。

得益于近些年需求侧管理机制及源网荷储互动的发展，可中断负荷[102-104]、储能[105-108]等需求侧资源也逐步参与到电网调节之中，这在一定程度上缓解了调峰资源相对不足的问题，但海量需求侧资源参与电力调度对现行的调度自动化系统提出了更高的要求。目前，调度自动化系统正由传统的经验型、分析型向精准型、智能型转变[109]，这将对电网调度与控制产生重大影响。虽然"统一调度、分级管理"的调度原则不会变，但调度技术支持系统要适应并支持上述的变化[110]。面对高比例可再生能源下的电力系统发展，国内外学者对电力调度进行了研究。文献[111]围绕发电调度系统，解析了超大规模电站群调度大数据特征及相互关系，在构建发电调度平台架构时，融合了水火风光等多维度大数据，实现了电力大数据复杂发电调度系统高效和实用化运行。文献[112-113]基于智能电网调度系统完成了电力智能调度监控平台和电网防灾调度系统的设计。文献[114-115]拓展了分布式实时数据在电网调度系统中的应用，提高了电网调度系统的整体数据质量。文献[116-117]指出，在智能电网调度控制系统中，传统的调度技术已无法应对大规模新能源并网给电网调度运行带来的挑战，提出了基于多时间尺度的新能源协调优化调度方法，该方法能逐步减少新能源预测误差带来的影响。

为此，针对湖南省电网向新型电力系统转型发展所带来的实时调度运行困难的问题，构建调度智能平衡系统，将风电、光伏发电等新能源资源和需求侧资源纳入调峰系统中，在一定程度上解决了调峰资源不足威胁电网安全性的问题。

该系统主要有以下三大作用：

（1）引入超短期新能源和负荷预测修正日前计划偏差，使得调度员能提前准确掌握系统上下备用，在调峰困难时可以充分利用所有调峰资源对未来趋势提前进行平衡控制；除此之外，在超短期新能源和负荷预测基础上能为日内现货申报提供更科学的辅助决策。

（2）构建调度调峰资源代价函数体系，精准量化各类资源的调节能力，实现各类资源的精细化调用，促进新能源消纳，同时该体系考虑后续向电力现货市场的过渡问题。在电力现货市场下，只需要将各类调峰资源的代价值替换成电力现货市场出清电价就能实现调度智能平衡系统和电力现货市场的融合。

（3）根据电网运行情况自动调用各类调峰资源，保证电网实时平衡，在水电实时备用充足的情况下能大大减少调度员实时平衡的工作量。

湖南省电网的调度智能平衡系统以基于云平台的全省电网模型和运行数据为基础，通过构建涵盖全省各类电源发电数据、外来电送湘功率数据、全网系统及 220 kV 母线日内负荷预测数据、电力市场数据的未来态电力流数据模型，实现对电网调度业务相关的海量数据价值的挖掘，并结合电网稳定规定电子化方法及在线安全分析校核方法，实现适应电力市场环境下的电力电量智能平衡分析。

湖南省电网的调度智能平衡系统的主要目的是优化购电结构、指导现货交易并提高联络线控制性能标准（Control Performance Standard，CPS），调整合格率。其中优化购电结构是指在超短期风光新能源预测和负荷预测的基础上，精准预测系统所需的调节资源，同时考虑各类调峰资源特性构建调峰代价函数，实现未来一段时间内的调节费用最优，同时生成满足多时间尺度下可收敛的未来态电力流。指导现货交易是指滚动计算高峰时段系统正备用及低谷时段系统负备用，同时结合购电通道的相关稳定限额，给出日内现货申报策略，指导调度员进行省间现货交易决策。通过稳定限额智能识别系统及在线安全分析校核方法对生成的未来态电力流数据进行安全校核提高 CPS 指标合格率，实现实时电力的闭环控制，在可调备用充足情况下使 CPS 合格率始终保持 100%。

湖南省电网的调度智能平衡系统以基于云平台的湖南省电网模型数据和运行数据为基础，构建未来 4 h、8 h、24 h 且可收敛的未来态电力流，并与稳定限额智能识别系统进行信息交互。湖南省电网的调度智能平衡系统的架构如图 3-32 所示。

湖南省电网的调度智能平衡系统的实时优化调度模块可实现实时电力电量智能平衡闭环控制。该模块基于未来态电力流，建立了一套完整、闭环的逻辑运算程序，实现了实时电力的闭环控制，在可调备用充足情况下使 CPS 合格率始终保持 100%。实时优化调度模块的具体控制逻辑如图 3-33 所示，根据平衡预警—备用约束—调度状况—诊断控制的步骤来进行闭环控制，综合负荷预测偏差、受电计划偏差、机组出力偏差、出力可调整容量计算待调整量，将待调整量按照负荷率和均衡率等原则进行分配。同时在下发调整量时，通过使用负荷分段识别算法，将各时段分为平稳、爬坡、拐点等不同的类型，针对不同的情形使用不同的策略：平稳时段的策略是保证 CPS、实时负荷率和电量完成均衡率的多目标控制；爬坡时段的策略是准确预测趋势，增加步长，充分挖掘机组调峰潜力，实现深度调峰，保证 CPS 为 100%；拐点时段的策略是识别拐点，预测观点时间，消除机组调节惯性，防止反调节。

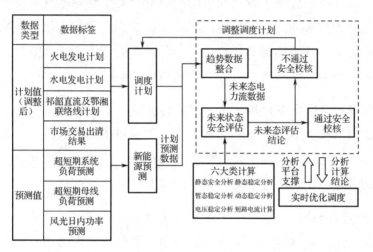

图 3-32　湖南省电网的调度智能平衡系统的架构

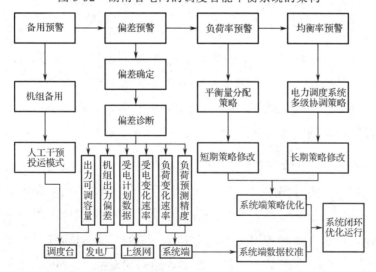

图 3-33　实时优化调度模块的具体控制逻辑

可调节资源的调节能力是调度智能平衡系统确保湖南省电力平衡的基础。在传统调度中，通常利用大型水火电等常规可调节资源来平衡负荷、风电、光伏发电等不可调资源的变化，把不可调资源看成系统平衡的边际条件。

随着电力市场、需求响应等政策的不断推进，负荷、风电、光伏发电等不可调资源将会作为调峰手段参与到电力平衡中。在电力现货市场下，各类调峰资源的调节代价即现货市场出清电价，但在市场和计划双轨制下，如何精准评估各类可调节资源的调节能力及调节顺序是建立优化模型的关键问题。经过实际调研及研究分析，得到了调峰代价函数体系：对于任意一种可调节资源，综合考虑其自身各因素的影响和经验，将各个影响因子进行量化后最终得到的代价量即这种可调节资源的调节代价。根据各类可调节资源的调节代价排序，能有效评估各类可调节资源的调节能力及调节顺序。

传统模式是按照发电政策来调用调峰资源的，通常在系统上备用不足时，会严格按照调增水火电—申请联络线支援—超供电能力限电的顺序来调用各类调峰资源；而在系统下备用不足时，则按照调减水火电—调减联络线计划—限风—限光的顺序来实现电力实时平衡。

湖南省电网的调度智能平衡系统需要合理安排各类调峰资源调用优先级顺序，调峰代价函数是调度智能平衡系统确定各类调峰资源调用优先级的手段，通过对影响各类调峰资源调用顺序的因素进行量化加权求和，可以得到每类调峰资源调用代价值，最终根据代价值大小实现各类调峰资源的自动科学调用。

在市场和计划双轨制下，考虑到新能源消纳、保供电等要求，联络线调整、限风、限光、限负荷等调峰资源的调用有明显的优先级，但平水期的水火电调用顺序并无明确优先级，此外，在火电深度调峰（以下简称"火电深调"）区间调用顺序需遵循辅助服务市场运行规则。

负荷的变化同时包含了短时间尺度波动和长时间尺度趋势两大特点。区域控制偏差（ACE）实时偏差启动和水电实时备用启动均只能实现短时间尺度波动的实时平衡，对于高峰前负荷急剧上涨或高峰后负荷急剧下降的阶段，ACE实时偏差启动和水电实时备用启动均存在响应速度不足的问题。为了解决这一问题，调度智能平衡系统引入了趋势启动，趋势启动以 15 min 为周期，每个周期开始，系统会自动计算该周期内除可调节水火电外其余调峰资源的总变化量

ΔP，当 $|\Delta P| \geqslant 200\ MW$ 时，下发调整量为 $-\Delta P$。

火电处于深度调峰工况时的实时平衡启动条件与火电正常工况下的启动条件无本质上的差别，但是由于深度调峰量是通过辅助服务市场下发的，调用规则也是基于辅助服务市场的市场规则，同时火电深度调峰工况下调节性能不佳，因此火电深度调峰不宜频繁下令。考虑到上述原因，火电深度调峰只保留 ACE 实时偏差启动和趋势启动两大启动条件，同时依据调度员经验和湖南省实际情况适当调窄启动范围，调长启动冷却时间。

湖南省电网的调度智能平衡系统的一大功能是修正日前发电计划偏差。该偏差是由于负荷及新能源等不可调资源的变化波动导致的，要修正该偏差首先需要准确预测日内负荷及新能源出力。对于湖南省电网的实际情况而言，新能源日内偏差相对于负荷日内偏差较小，故着重研发日内超短期负荷预测方法。常用的系统负荷预测方法大多从成因机制出发，建立多相关因素与发电出力的预测模型。与这类思路不同，本书利用大数据技术，结合面临日的预测值，从海量历史出力数据中寻找偏差分布规律，并结合当日实际要求快速确定系统备用边界条件。对于湖南省电网的调度智能平衡系统，分析某日的功率预测偏差分布规律需要用到各电站多年实际和计划的日 96 点发电出力，以此为基础，采用区间置信理论，可以快速确定合理的联络线功率偏差范围，进而获得实际调度中平衡功率偏差所需要的旋转备用。图 3-34 所示为湖南省电网某日的实际负荷、日前计划和超短期负荷预测曲线，可以发现日前计划与实际负荷曲线存在较大偏差，而超短期负荷预测曲线与实际负荷曲线几乎重合，统计 2021 年 3 月每日的负荷预测情况，经计算每日预测精度如图 3-35 所示，可以看出典型日的总负荷预测精度均高于 99%，如图 3-36 所示，90%日内单点负荷预测准确率超过 99.5%。

湖南省电网的调度智能平衡系统基于精确的日前计划偏差修正建设了备用容量模块。备用容量模块以《华中电网分区备用容量信息管理办法》《华中电网运行备用管理规定（试行）》为主要依据，在实时优化调度模块、调度自动化系统的支撑下，实现了系统备用管理、机组备用监测、备用预警等功能。备用容量模块依据未来态数据计算出的后 4 h 系统备用情况，滚动计算高峰时段系统正备用及低谷时段系统负备用，给出日内辅助服务申报及省间现货申报决策，输出考虑电网断面约束和电厂机组原因的出清执行结果，供调度员记录、备查。

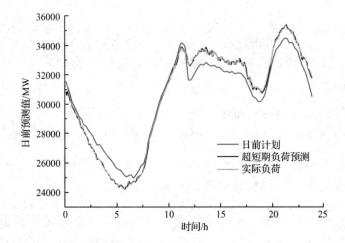

图 3-34　湖南省电网某日的实际负荷、日前计划和超短期负荷预测曲线

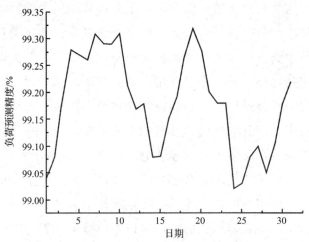

图 3-35　系统负荷预测精度

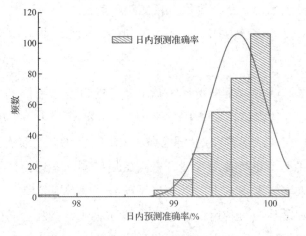

图 3-36　典型日负荷预测偏差概率分布

湖南省水能资源丰富，水电机组与火电机组在装机规模上相差无几，但水电的季节性特征非常突出，湖南省 80%以上水电调节性能较差，且来风与来水重合性强，这进一步加大了新能源消纳难度。

图 3-37 为 2021 年 4 月某典型日湖南省内 3 个水电厂发电功率。4 月份是湖南省汛期，水电厂 1 和水电厂 2 位于某主干流域中下游，水库调节性能差，由于上游来水大，水库面临着严峻的防洪形势，因此发电政策为基础负荷。而水电厂 3 位于某流域上游，水库调节性能优良，虽然水库水位较高，但发电政策为调峰运行。从图中 3 个水电厂的实际出力情况来看，湖南省电网的调度智能平衡系统准确执行了发电政策，两个基础负荷水电厂整日出力保持最大，调峰运行的水电厂 3 出力与湖南省负荷水平呈正相关关系波动。

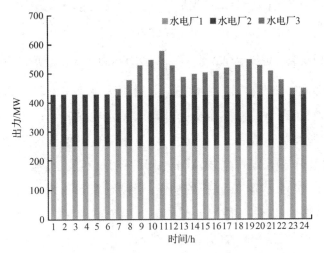

图 3-37　典型日湖南省内 3 个水电厂发电功率

图 3-38 是调峰运行的水电厂日内实际出力与日前计划的关系，柱状图是水电厂日内实际出力，折线图是日前计划。可以发现该水电厂虽然出力变化趋势与日前计划一致，但实际出力要高于日前计划，尤其是在腰荷阶段出力平均高于计划 50 MW。经分析，这是由于当日上午该水电厂流域有一定降雨，水库入库流量较大，同时由于该水库水位较高，综合下来导致该水电厂的调峰代价值很小，发电优先级较高，因此日内实际出力高于日前计划。

通过 4 月份某典型日的水电厂出力情况分析可以得出，湖南省电网的调度智能平衡系统能根据水电厂水情合理调用各水电厂出力，调用结果与给出的发电政策相符，同时该系统还能根据实际水情变化灵活调整水电厂日前计划，使得水电调度更加精细化，在一定程度上促进了新能源的消纳。

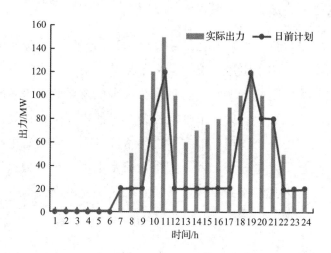

图 3-38   调峰运行的水电厂日内实际出力与日前计划的关系

在传统调度中，需人工监视 ACE，并通过大型火电及骨干水电等可调节资源来平衡该偏差，在负荷新能源出力波动大，水电实时备用不足的情况下，实时平衡工作给调度员造成了一定压力。但湖南省电网的调度智能平衡系统可以实现自动调用调峰资源跟踪系统 ACE，同时该系统还具备根据水电实时备用、负荷变化趋势情况进行 ACE 预控的功能。调度智能平衡系统的应用极大降低了调度员的工作量，同时在智能平衡模式下，ACE 控制效果优越。我国新能源的快速发展和逐步并网给电网的安全运行带来极大挑战。但随着信息科技与人工智能技术的快速发展，调度智能平衡系统的出现为应对电力系统运行挑战提供了新的技术解决途径。针对新型电力系统实时调度运行困难的问题，通过构建调度智能平衡系统，解决了调峰资源不足、离散型源网荷储资源管理难度大、电力市场环境下执行难度大、安全管控难度倍增等四大问题。

新型电力系统是一个安全可控、经济高效、绿色低碳、开放共享、数字智能的系统，通过整合现有资源，整治数据准确性，引入更多调节能力强、调节代价低的调节资源，提高调节能力，实现新型电力系统中源网荷储安全、经济、高效的协同互动。

3.5 调峰资源配置方案建议

3.5.1 配置原则

合理配置调峰资源，要符合电力系统安全稳定运行的需要，尽量减少系统调峰缺口；合理配置调峰资源，要符合能源转型和社会低碳发展方向，有利于促进新能源发展与消纳，尽量减少弃风弃光弃水电量；合理配置调峰资源，要综合考虑调峰资源建设的成本和建设周期，以较小的经济代价，取得较好的调峰效益，并与新能源发展的规模、时序相适应；合理配置调峰资源，要坚持统筹协调性原则，在布局上充分利用区域内各省调峰需求差异，统筹资源优势，实现省间调峰互济共赢；在建设主体上要统筹电源侧、电网侧和用户侧的可调节资源，充分发挥多市场主体的调节作用。

3.5.2 配置方案

针对存在的缺口，在满足新能源 95%利用率的前提下，结合省内抽水蓄能规划及项目前期开展工作，湖南省抽水蓄能电站的选址为益阳安化、岳阳平江、株洲攸县、岳阳汨罗、永州双牌和长沙浏阳。

2025 年敏感性方案：加快平江抽水蓄能电站的建设进度，争取 2025 年四台机组全部投运；加快东江电厂扩机工程前期工作进度，尽快核准动工，争取 2025 年投运。"十四五"末抽水蓄能规模达到 311 万千瓦。

2030 年基础方案：考虑湖南省"十五五"期间新增抽水蓄能规模为 291 万千瓦。其中安化抽水蓄能电站规模为 240 万千瓦，东江电厂扩机规模为 51 万千瓦。"十五五"末抽水蓄能规模达 551 万千瓦。

2030 年高比例新能源方案：考虑湖南省"十五五"期间新增抽水蓄能规模为 531 万千瓦。其中安化抽水蓄能电站规模为 240 万千瓦，东江扩机规模为 51 万千瓦，汨罗抽水蓄能电站规模为 120 万千瓦，湘南地区抽水蓄能电站规模为 120 万千瓦。"十五五"末抽水蓄能规模达 791 万千瓦。

2035 年基础方案：考虑湖南省"十五五""十六五"共新增抽水蓄能规模 591 万千瓦。其中安化抽水蓄能电站规模为 240 万千瓦，东江扩机规模为 51 万千瓦，汨罗抽水蓄能电站规模为 120 万千瓦，攸县抽水蓄能电站规模为 180 万千瓦。"十六五"末抽水蓄能规模达 851 万千瓦。

2035 年高比例新能源方案：考虑湖南省"十五五""十六五"共新增抽水蓄能规模为 1071 万千瓦。其中安化抽水蓄能电站规模为 240 万千瓦，东江扩机规模为 51 万千瓦，汨罗抽水蓄能电站规模为 120 万千瓦，攸县抽水蓄能电站规模为 180 万千瓦，湘南地区抽水蓄能规模为 480 万千瓦。"十六五"末抽水蓄能规模达 1331 万千瓦。部分火电机组通过灵活性改造达到深度调峰。抽水蓄能新增规模与时序如表 3-26 所示。

表 3-26　抽水蓄能新增规模与时序

单位：万千瓦

项　　目	2025 年	"十五五"新增	2030 年	"十六五"新增	2035 年
基础方案	311	240	551	300	851
高比例新能源方案	311	480	791	540	1331

3.5.3　资源配置布局

3.5.3.1　基础方案

2025 年敏感性分析：考虑平江抽水蓄能电站规模及东江扩机在 2025 年全部投运，届时，2025 年抽水蓄能规模将达到 311 万千瓦。

新能源利用率：考虑丰水年情况，根据生产模拟平衡软件测算结果，预计 2025 年最大调峰缺口下降至约 491.7 万千瓦，弃风电量为 29.3 亿千瓦时，风电弃电率为 12.5%；弃光电量为 7.4 亿千瓦时，光伏发电弃电率为 6.6%；新能源综合弃电量为 36.7 亿千瓦时，弃电率为 10.6%。2025 年湖南省电网分月调峰缺口（配置调峰资源后）如表 3-29 所示。

表 3-27　2025 年湖南省电网分月调峰缺口（配置调峰资源后）

单位：万千瓦

项　　目	1 月	2 月	3 月	4 月	5 月	6 月	7 月	8 月	9 月	10 月	11 月	12 月
高峰时刻	19:00	19:00	19:00	20:00	20:00	21:00	20:00	22:00	19:00	19:00	18:00	19:00
低谷时刻	4:00	3:00	5:00	13:00	13:00	12:00	13:00	12:00	13:00	13:00	13:00	13:00
一、系统调峰需求	2255.7	1953.8	1616.4	544.9	375.6	259.3	397	-9.5	486.3	520.7	637.6	743.3
1. 负荷调峰需求	-348.3	-372.2	-188.2	-9.9	-4.7	-2.3	-10.5	301.9	-9.4	-4.7	-16.7	-16.6
2. 直流线路调峰	-3.7	164.9	178.6	145	158	85.3	-158.9	-58.8	-39.2	-62	87.7	59.9
3. 风电调峰	0	0	0	831.3	737.5	657.9	697.6	797.8	870.5	779	697	717.7
4. 光伏发电调峰	2255.7	1953.8	1616.4	544.9	375.6	259.3	397	-9.5	486.3	520.7	637.6	743.3
二、系统调峰利用	1530.1	1361.7	1211.6	1019.5	965.5	885.4	781.7	1010.3	1157.4	848.6	1144.7	1317.6
1. 抽水蓄能、储能	632.8	632.8	599.6	632.8	603.6	578.2	493.1	619	632.8	549	632.8	632.8
2. 水电调峰	317.6	344.6	313.7	238.9	329.8	295.1	278.1	38.4	263.4	196.7	254.3	178.1
3. 煤电调峰	579.7	384.3	298.1	147.8	32.1	12.1	10.5	352.9	261.2	102.9	257.6	506.7
4. 系统调峰缺口	373.6	384.8	395.2	491.7	301	114.5	143.5	21.2	150.8	384.5	260.9	186.7

调峰特性分析：通过分析 2025 年湖南省电网分月调峰缺口可知，系统调峰需求为 0～2255.7 万千瓦，其中风电调峰需求占比为-17%～12%，风电调峰有时是正调峰，有时是逆调峰；光伏发电调峰需求占比为 48%～76.7%。

2025 年湖南省电网调峰状态图（配置调峰资源后）如图 3-39 所示。

2030 年：湖南省"十五五"期间新增抽水蓄能规模为 291 万千瓦。其中安化抽水蓄能电站规模为 240 万千瓦，东江扩机规模为 51 万千瓦。届时，2030 年末抽水蓄能规模将达到 551 万千瓦。

2030 年湖南省电网调峰状态图（配置调峰资源后）如图 3-40 所示。

新能源利用率：考虑丰水年情况，根据生产模拟平衡软件测算结果，预计 2030 年最大调峰缺口下降至 565.7 万千瓦，弃风电量为 16.5 亿千瓦时，风电弃电率为 6.1%；弃光电量为 6.7 亿千瓦时，光伏发电弃电率为 3.5%；新能源综合弃电量为 23.3 亿千瓦时，弃电率为 5.2%。2030 年湖南省电网分月调峰缺口（配置调峰资源后）如表 3-28 所示。

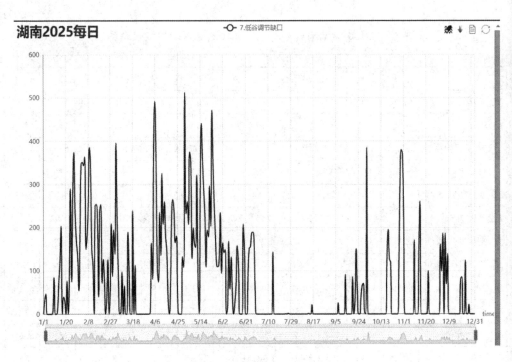

图 3-39　2025 年湖南省电网调峰状态图（配置调峰资源后）

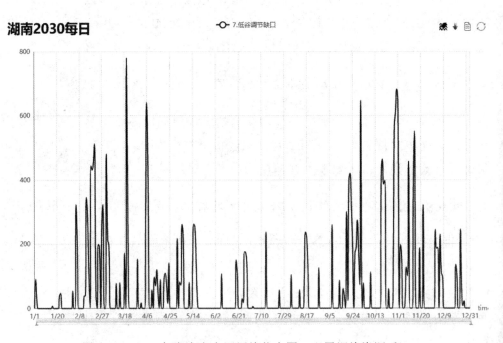

图 3-40　2030 年湖南省电网调峰状态图（配置调峰资源后）

表 3-28　2030 年湖南省电网分月调峰缺口（配置调峰资源后）

单位：万千瓦

项　　目	1月	2月	3月	4月	5月	6月	7月	8月	9月	10月	11月	12月
高峰时刻	19:00	19:00	18:00	20:00	20:00	20:00	21:00	21:00	19:00	19:00	18:00	19:00
低谷时刻	6:00	2:00	13:00	13:00	13:00	12:00	11:00	13:00	13:00	13:00	13:00	2:00
一、系统调峰需求	2464.3	2542.5	2276.3	2120.8	887.7	1364.8	2102.2	1940.6	1956.5	2050	1862.7	1978.2
1. 负荷调峰需求	3276.1	2709	1794.3	516.5	466.5	316	1396.1	1244.2	530.5	824.5	684.7	2683.7
2. 直流线路调峰	-733.3	-685.9	42.8	-74.5	-64	-21	-227.4	-242.9	-29.5	-30.2	7.2	-764.5
3. 风电调峰	-78.4	519.4	-201.7	270.6	-140.3	-119.5	-139	-160.6	-46.1	-137.1	18.3	58.9
4. 光伏发电调峰	0	0	641	1408.2	625.5	1190.4	1072.5	1099.9	1501.6	1392.9	1152.5	0
二、系统调峰利用	2373.7	2219.7	1497.4	1697.7	945.4	1213.6	1883.1	1704.4	1537.2	1484.3	1405.4	1843
1. 抽水蓄能、储能	1112.8	1099.5	1108.3	1112.8	525.5	856.2	1112.8	1086.8	1004.6	996	1062.7	1112.8
2. 水电调峰	225.4	404	343.3	418.3	363.9	208.5	59.9	59.9	245	211.9	216.1	40.5
3. 煤电调峰	1035.5	716.2	45.8	166.6	56	148.9	710.4	557.7	287.6	276.4	126.6	689.7
4. 系统调峰缺口	90.7	322.7	779.1	423.1	205.6	152.3	219	236.2	419.3	565.7	457.3	135.2

调峰特性分析：通过 2030 年湖南省电网分月调峰缺口分析可知，系统调峰需求为 888～2542.5 万千瓦，其中风电调峰需求占比为-8.9%～12.7%，风电调峰有时是正调峰，有时是逆调峰；光伏发电调峰需求占比为 28.2%～76.7%。

2035 年：湖南省"十五五""十六五"共新增抽水蓄能规模为 591 万千瓦。其中安化抽水蓄能电站规模为 240 万千瓦，东江扩机规模为 51 万千瓦，汨罗抽水蓄能电站规模为 120 万千瓦，攸县抽水蓄能电站规模为 180 万千瓦。届时，2035 年抽水蓄能规模将达到 851 万千瓦。

新能源利用率：预计 2035 年最大调峰缺口下降至 599.5 万千瓦，弃风电量为 17.6 亿千瓦时，风电弃电率为 5.8%；弃光电量为 9.8 亿千瓦时，光伏发电弃电率为 4.2%；新能源综合弃电量为 27.4 亿千瓦时，弃电率为 5.1%。2035 年湖南省电网分月调峰缺口（配置调峰资源后）如表 3-29 所示。

调峰特性分析：通过分析 2035 年湖南省电网分月调峰缺口可知，系统调峰需求为 1085～2901.3 万千瓦，其中风电调峰需求占比为-14.47%～12.34%，风电调峰有时是正调峰，有时是逆调峰；光伏发电调峰需求占比为 24.11%～91.17%。

表 3-29　2035 年湖南省电网分月调峰缺口（配置调峰资源后）

单位：万千瓦

项　　目	1 月	2 月	3 月	4 月	5 月	6 月	7 月	8 月	9 月	10 月	11 月	12 月
高峰时刻	19:00	20:00	20:00	20:00	20:00	21:00	20:00	21:00	19:00	19:00	18:00	19:00
低谷时刻	4:00	13:00	12:00	13:00	13:00	12:00	14:00	14:00	12:00	13:00	13:00	12:00
一、系统调峰需求	2901.3	2554.9	1917.5	2454.6	1084.8	1724.8	1447.1	2058.7	2143.4	2305.4	2176.9	2148.1
1．负荷调峰需求	4113.4	1217.6	245.3	490.3	535.4	184.3	488.8	795.4	431.8	833	766.6	479.9
2．直流线路调峰	-1107	957.7	-84.4	-74.5	-64	-89.4	-187.8	-160	-111.8	-115.3	1.2	0
3．风电调峰	-105.3	-236.4	154.5	303	-157	57.4	-223.6	-160.2	-43.7	-117.8	-110.8	82.7
4．光伏发电调峰	0	616	1602.2	1735.8	770.3	1572.5	1369.7	1583.5	1867.2	1705.5	1519.9	1585.5
二、系统调峰利用	2849.6	2124.4	1875.3	2109.7	1044.3	1692.7	1508.3	1937.8	1793.5	1706	1847.1	2062
1．抽水蓄能、储能	1641.2	1437.8	1512.7	1542.4	626.4	1349	1180.6	1482.8	1491.3	1345.9	1506.5	1476
2．水电调峰	225.4	371.1	328.6	418.3	385.9	66	265.7	150.1	224.2	210	246	263.7
3．煤电调峰	983	315.5	34	149	32	277.7	62	304.9	78	150.1	94.6	322.3
4．低谷调节缺口	51.8	430.5	42.3	344.9	401	32	207.3	120.9	392.2	599.5	329.9	86.2

2035 年湖南省电网调峰状态图（配置调峰资源后）如图 3-41 所示。

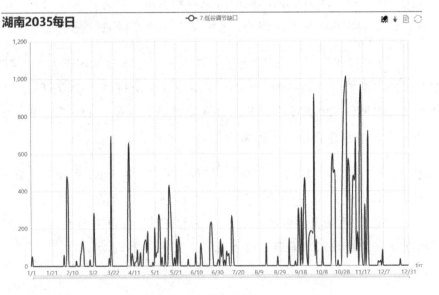

图 3-41　2035 年湖南省电网调峰状态图（配置调峰资源后）

3.5.3.2　高比例新能源方案

2030 年：湖南省"十五五"期间新增抽水蓄能规模为 531 万千瓦。其中安化抽水蓄能电站规模为 240 万千瓦，东江扩机规模为 51 万千瓦，汨罗抽水蓄能电站规模为 120 万千瓦，湘南地区抽水蓄能规模为 120 万千瓦。届时，2030 年抽水蓄能规模将达到 791 万千瓦。考虑上述调峰资源后，新能源综合利用率达到 95%。

2030 年湖南省电网高比例新能源方案调峰状态图（配置调峰资源后）如图 3-42 所示。

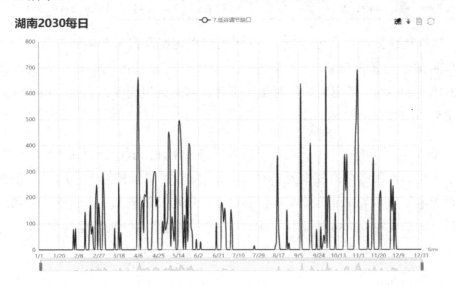

图 3-42　2030 年湖南省电网高比例新能源方案调峰状态图（配置调峰资源后）

新能源利用率：考虑丰水年情况，根据生产模拟平衡软件测算结果，预计 2030 年最大调峰缺口下降至 705 万千瓦，弃风电量为 26.9 亿千瓦时，风电弃电率为 7.2%；弃光电量为 7.7 亿千瓦时，光伏发电弃电率为 3.1%；新能源综合弃电量为 34.6 亿千瓦时，弃电率为 5.5%。2030 年湖南省电网高比例新能源方案分月调峰缺口（配置调峰资源后）如表 3-30 所示。

表 3-30　2030 年湖南省电网高比例新能源方案分月调峰缺口（配置调峰资源后）

单位：万千瓦

项　　目	1 月	2 月	3 月	4 月	5 月	6 月	7 月	8 月	9 月	10 月	11 月	12 月
高峰时刻	19:00	20:00	19:00	20:00	20:00	20:00	20:00	21:00	19:00	19:00	19:00	19:00
低谷时刻	4:00	3:00	13:00	13:00	13:00	14:00	12:00	14:00	13:00	13:00	13:00	13:00

续表

项　　目	1月	2月	3月	4月	5月	6月	7月	8月	9月	10月	11月	12月
一、系统调峰需求	1653.5	2382.5	1655.7	2264.8	839.8	1169.1	1742.3	2392.4	1016.9	2217.1	2172.4	2327.1
1.负荷调峰需求	2497.2	2430.3	321.4	286.9	286.9	129.8	107.9	922.8	319.7	511	438.3	420.5
2.直流线路调峰	-711.4	-686.1	-62.6	-49.2	-64	0	-3	-8	4.8	29.7	9	-3.1
3.风电调峰	-132.1	638.3	-206.3	225.9	-190.4	-237.5	-31.7	-199.8	-46.3	-102.4	110.4	200
4.光伏发电调峰	-0.2	0	1603.3	1801.2	807.3	1276.8	1669.1	1677.4	738.7	1778.8	1614.7	1709.7
二、系统调峰利用	1573.2	2131.9	1555.8	1925.4	839.8	1182	1719.7	2030.7	1017.9	1595.9	1859.7	2057.9
1.抽蓄储能	1157.8	1522.3	1199.8	1519.3	556.7	824	1178.6	1453.1	915.5	1287	1509.8	1712.8
2.水电调峰	202	367.5	252	294.6	227.4	243.3	503.7	356.1	102.4	151.8	187.7	263.7
3.燃煤调峰	213.4	242.1	104	111.5	55.7	114.7	37.4	221.5	0	157.1	162.4	81.4
4.系统调峰缺口	80.3	250.6	298.2	662.5	496.5	180.7	154.8	361.7	409.3	704.6	352.8	269.2

调峰特性分析：通过分析 2030 年湖南省电网高比例新能源方案分月调峰缺口可知，系统调峰需求为 840～2392 万千瓦，其中风电调峰需求占比为 -22.7%～26.8%，风电调峰有时是正调峰，有时是逆调峰；光伏发电调峰需求占比为 70.1%～109.2%。

2035 年：湖南省"十五五、十六五"共新增抽水蓄能规模为 1071 万千瓦。其中安化抽水蓄能电站规模为 240 万千瓦，东江扩机规模为 51 万千瓦，汨罗抽水蓄能电站规模为 120 万千瓦，攸县抽水蓄能电站规模为 180 万千瓦，湘南地区抽水蓄能规模为 480 万千瓦。届时，2035 年抽水蓄能规模将达到 1331 万千瓦。考虑上述调峰资源后，新能源综合利用率达到 95%。

新能源利用率：预计 2035 年最大调峰缺口下降至 1194.6 万千瓦，弃风电量为 32.5 亿千瓦时，风电弃电率为 6.3%；弃光电量为 12 亿千瓦时，光伏发电弃电率为 3.2%；新能源综合弃电量为 44.5 亿千瓦时，弃电率为 5.0%。2035 年湖南省电网高比例新能源方案分月调峰缺口（配置调峰资源后）如表 3-31 所示。

表 3-31　2035 年湖南省电网高比例新能源方案分月调峰缺口（配置调峰资源后）

单位：万千瓦

项　　目	1月	2月	3月	4月	5月	6月	7月	8月	9月	10月	11月	12月
高峰时刻	14:00	20:00	19:00	20:00	17:00	19:00	20:00	21:00	19:00	19:00	19:00	19:00
低谷时刻	4:00	4:00	13:00	13:00	13:00	14:00	12:00	12:00	13:00	13:00	13:00	12:00
一、系统调峰需求	1581.5	1456	2445.5	3317.2	1230	2317.9	2520.8	3236.2	1351.3	3037.3	3026.5	3294.8

续表

项　目	1 月	2 月	3 月	4 月	5 月	6 月	7 月	8 月	9 月	10 月	11 月	12 月
1. 负荷调峰需求	2387.7	2375.3	370.7	331	-18.9	-74.9	203.1	957.7	389.5	589.4	505.7	335.4
2. 直流线路调峰	-599.1	-733.3	-62.6	-49.2	-19	-85.5	-155	-162.5	-80.7	-55.8	9	0
3. 风电调峰	-170.5	-185.8	-286.1	312.9	50.7	233.7	-43.6	-245	-62.8	-138.6	147.9	246
4. 光伏发电调峰	-36.6	0	2423.5	2722.6	1217.1	2244.6	2516.2	2686	1105.2	2642.2	2363.9	2713.5
二、系统调峰利用	1581.6	1441.6	2317.7	2843.8	988	2317.3	2416.6	3152.6	1356.4	2262.3	2559	2902
1. 抽蓄储能	1324.5	1310.9	1956.4	2407.8	679.5	1846.3	1875.5	2235.5	1331.7	2053.9	2318.4	2438.3
2. 水电调峰	261.3	80.7	200.3	322.5	285.9	223.1	466.6	390.1	24.7	52.4	240.6	263.7
3. 燃煤调峰	-4.2	50	161	113.5	22.6	247.9	74.5	527	0	156	0	200
4. 低谷调节缺口	0	462	414.2	931.3	839.5	235.3	348.6	83.6	679.7	1194.6	587.5	392.9

调峰特性分析：通过分析 2035 年湖南省电网高比例新能源方案分月调峰缺口可知，系统调峰需求为 1230～3317.2 万千瓦，其中风电调峰需求占比为 -12.8%～10.1%，风电调峰有时是正调峰，有时是逆调峰；光伏发电调峰需求占比为 78.1%～99.8%。

2035 年湖南省电网高比例新能源方案调峰状态图（配置调峰资源后）如图 3-43 所示。

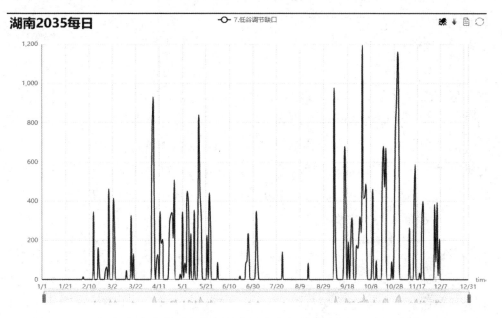

图 3-43　2035 年湖南省电网高比例新能源方案调峰状态图（配置调峰资源后）

3.5.4 调峰辅助市场系统的设计

鉴于电力市场交易规则相对复杂，传统基于人工计算、电话口头下令的深度调峰模式已无法适应当下的调度环境。湖南省调峰辅助服务市场建立了多个技术支持子系统，基于"功能独立、数据交互"的原则，结合已有调度业务系统，形成了一套完整的调峰辅助服务市场系统。

1）系统流程

调峰辅助服务市场系统在时间上的运作流程如图 3-44 所示。

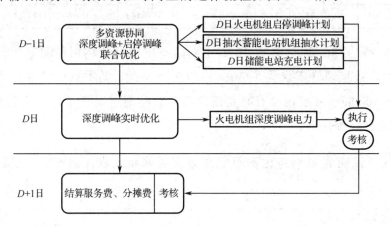

图 3-44　调峰辅助服务市场系统在时间上的运作流程

（1）$D-1$（竞价）日，卖方通过调峰辅助服务市场系统提交申报信息，系统根据市场主体报价、负荷预测、外电计划等信息，预测 D 日深度调峰或启停调峰需求时段（即市场开启时段），以每 15 min 为一个点，基于市场规则，通过出清结果获得 D 日火电机组启停调峰计划及深度调峰出力曲线、抽水蓄能电站机组抽水计划、储能电站充电计划。其中火电机组深度调峰出力曲线不作为 D 日的执行依据，其余出清结果均需刚性执行（调度机构可在市场规则范围内视电网实际情况进行调整）。

（2）D（运行）日，以日前确定的火电机组启停调峰计划、抽水蓄能电站机组抽水计划、储能电站充电计划为边界，根据日前封存的报价信息与实时供需偏差平衡需求，基于市场规则，通过出清结果获得火电机组深度调峰电力指令，并监测火电机组实际深度调峰量，对调整不到位的机组进行考核。

（3）D+1 日，对前日深度调峰、启停调峰机组调用情况、服务费和分摊费进行计算，考核费用单独核算。服务费、分摊费、考核费均采用"日清月结"模式。

2）系统结构

调峰辅助服务市场系统的结构如图 3-45 所示，该系统包括一个关键技术支持系统，即调峰辅助服务市场交易技术支持系统，多个关联技术应用系统，如 D5000 系统、调度智能平衡系统、网络交互系统等。调峰辅助服务市场交易技术支持系统包含日前深度调峰+启停调峰联合出清，日内深度调峰实时出清，结算服务费、分摊费，考核等功能模块。

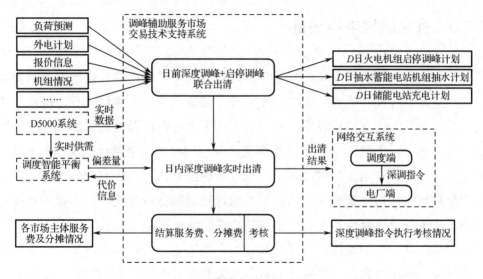

图 3-45　调峰辅助服务市场系统的结构

系统间交互主要发生在日内深度调峰实时优化阶段。

（1）D5000 系统是电网调度技术支持系统基础平台，向调峰辅助服务市场交易技术支持系统提供机组实时运行数据，并为调度智能平衡系统提供电网实时供需情况。

（2）调度智能平衡系统是湖南省电网创新开发的一套智能调度自动化系统，能够从 D5000 系统获取的电网实时信息，根据超短期负荷预测计算供需偏差。调峰辅助服务市场系统未开启时，通过自动发电控制（AGC）系统向机组下发出力指令，调整省间联络线。调峰辅助服务市场系统开启时，自动向调峰辅助服务市场交易技术支持系统发送深度调峰电力需求总量。

（3）调峰辅助服务市场交易技术支持系统在接收到深度调峰电力需求总量后（该总量也可由调度员手动输入），基于市场规则，实时开展深度调峰交易出清，获得各机组深度调峰电力要求，并将其发送给网络交互系统。

（4）网络交互系统是湖南省电网创新开发的一套网络化指令系统，包括检修操作、调度下令等功能，旨在实现调度业务联系全面网络化。网络交互系统在接收到各机组深度调峰电力要求后，可将这些要求转化为出力调整指令下发至各相关厂站。

3.5.5　优化区域电网调度

科学优化电网运行方式，充分利用调峰资源，可以在提升新能源消纳能力的同时降低系统调峰成本。文献[118]研究了燃煤机组深度调峰过程，构建了燃煤机组深度调峰运行费用模型，并据此提出了考虑新能源随机特性的电网深度调峰优化方法。文献[119]分析了燃煤机组深度调峰对其电量计划执行的影响，提出了调峰服务与电量协调的安全约束经济调度方法。文献[120]提出了调峰权集中交易模式，通过调整燃煤电厂间的调峰辅助服务承担量，优先调用调峰能力强、成本低的燃煤机组，提升系统调峰期间运行效益。文献[121-122]研究了不同调峰深度下影响燃煤机组运行效益的主要因素，构建了考虑多段式燃煤机组调峰成本的评价模型，并提出了电网优化调度方法。文献[123]研究了区域电网跨省调峰互济的可行性，并提出了省间调峰交易市场运行机制。文献[124]研究了省级电网调峰需求评估模型，以区域电网内各省调峰压力尽可能均衡为优化目标，提出了区域电网优化调度方法。当前考虑系统调峰的电网优化调度方法往往以省级电网为研究对象，对区域电网范围内调峰资源优化调度研究相对较少。实际上由于各地电网运行特性差异，区域电网范围的调峰资源优化调度更具潜力[125]。

考虑到不同类型电源的运行特性，特别是电源调峰期间经济性差异，现行的运行规程将电源调峰划分为基本调峰和有偿调峰两类。基本调峰是各类型电源所必须履行的调峰责任，电源提供基本调峰成本相对较低。主要电源的基本调峰能力如表 3-32 所示，根据性能差异，燃煤机组、燃气机组等主要电源可分为不停机、可停机和不调节三类。燃煤机组为典型的不停机调峰电源，由于其启停成本较高且出力调减能力有限，基本调峰能力为其最小技术出力，一般为最大技术出力的 50%。燃气机组、梯级水电均可停机调峰，但梯级水电停机必须满足新能源消纳所需的水位控制要求，保证无弃水风险。小水电、风电、光伏发电等电源出力由降水、来风、日照等气象因素决定，无调峰能力。

表 3-32　主要电源的基本调峰能力

电 源 类 型	基本调峰能力
燃煤机组	调减至最小技术出力，一般为最大技术出力的 50%
燃气机组	100%，可停机调峰
梯级水电（非径流式）	100%，若无弃水风险，可停机调峰
小水电（径流式）	无调峰能力
风电	无调峰能力
光伏发电	无调峰能力

根据系统运行需要，燃煤机组还可继续调减出力，提供有偿调峰服务。当前湖南省大部分燃煤机组仅具备深度调峰能力，通过研究燃煤机组深度调峰能力影响因素，将深度调峰划分为不投油和投油两个阶段。图 3-46 所示为燃煤机组调峰过程。

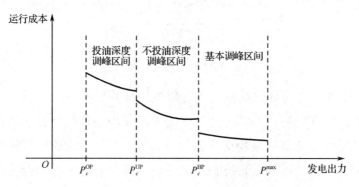

图 3-46　燃煤机组调峰过程

如图 3-46 所示，基本调峰阶段燃煤机组调峰成本主要受煤耗率影响；不投油调峰阶段燃煤机组调峰成本还需要进一步考虑设备劳损；转入投油调峰阶段后，除上述两方面因素外还需要考虑投油、等离子点火等稳燃措施影响。文献[121]研究了煤耗成本、设备损耗成本和投油稳燃成本模型，结果表明随着调峰深度的增加，燃煤机组调峰成本将显著增大。此外，部分燃煤机组能够启停调峰，即在规定时间范围内与电网解列，停止对外发电。

在区域电网中，由于各省区电源结构、负荷特性等方面的差异，调峰需求及调峰能力分布并不均衡，为区域电网范围内调峰资源互济提供了基础条件。然而，区域电网规模庞大，若采用统一建模集中优化的方式，其优化模型的规模将过于庞大，求解效率难以满足实际需求。因此，可以通过一种基于两层架构的区域电网优化方法，其核心思路是将区域电网优化调度问题拆分为省间送受电计划优化与省内优化调度两个问题，根据区域电网调峰资源均衡调用的特征，通过上述两个问题迭代，实现区域电网优化调度问题的高效求解。在两层架构中，上层架构为省间送受电优化，通过调整外送受电计划曲线实现省间调峰资源互济；下层架构为省内优化调度。通过以上两个阶段的迭代，实现了区域电网优化调度和调峰资源互济。优化调度流程如图 3-47 所示。

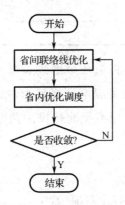

图 3-47　优化调度流程

省间送受电计划的目的是根据各省级电网调峰资源分布差异，优化调整其送受电计划，尽可能使各省级电网调峰需求处于相同调峰能力区间范围，使整个区域电网调峰资源调用最均衡，经济性最佳[126-127]。为验证算法的有效性，在 IEEE RTS-96 三区域节点系统基础上构造了算例系统。该算例系统共有节点 73 个，划分为对称的三个子区域电网，各区域电网间通过直流联络线连接。

区域电网负荷如图 3-48 所示，该区域电网最大负荷为 6317 万千瓦，最小负荷为 3048 万千瓦。在三个子区域电网中，区域 1 与区域 2 的负荷相对较低，且两者相比，区域 1 峰谷差率较低，负荷更为平稳。

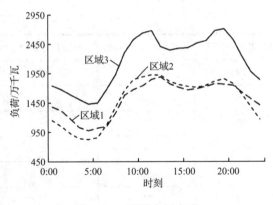

图 3-48　区域电网负荷

发电机组基本信息如表 3-33 所示，算例系统火电装机规模为 7930 万千瓦，其中区域 1 与区域 2 的装机规模均为 2910 万千瓦，区域 3 的装机规模为 2110 万千瓦。三个区域的电网基本调峰能力对应负荷率均为最大技术出力的 50%，在此基础上为尽可能使三个区域电网的调峰能力差异性更加显著，设定区域 1 燃煤机组调峰能力最强，其燃煤机组不投油调峰最小负荷对应负荷率的 40%，投油调峰最小负荷对应负荷率的 35%；区域 2 燃煤机组不投油调峰最小负荷对应负荷率的 45%，投油调峰最小负荷对应负荷率的 40%；区域 3 则分别对应负荷率的 43%和 38%。各区间火电机组运行成本参考文献[122]的参数。

表 3-33　发电机组基本信息

所在节点	所在区域	装机规模/万千瓦	基本调峰负荷率/%	不投油调峰负荷率/%	投油调峰负荷率/%
107	区域 1	150	50	40	35
113		250	50	40	35
115		100	50	40	35
116		75	50	40	35
118		200	50	40	35
121		200	50	40	35
122		150	50	40	35
123		330	50	40	35
207	区域 2	150	50	45	40
213		250	50	45	40
215		100	50	45	40
216		75	50	45	40
218		200	50	45	40

续表

所在节点	所在区域	装机规模/万千瓦	基本调峰负荷率/%	不投油调峰负荷率/%	投油调峰负荷率/%
221		200	50	45	40
222	区域 2	150	50	45	40
223		330	50	45	40
315		100	50	43	38
316		75	50	43	38
318		200	50	43	38
321	区域 3	200	50	43	38
322		150	50	43	38
323		330	50	43	38

区域 1 和区域 2 设定为送出区域，区域 3 设定为受入区域，规定区域 1 和区域 2 运行日计划送电量为 6500 万千瓦时。参照该研究所提出的两层架构优化方法，由于无历史相似运行日作为参考，初始时刻设定区域 1 与区域 2 按照平均模式，送电计划全天维持在 270 万千瓦。迭代过程如图 3-49 所示，输出优化结果。

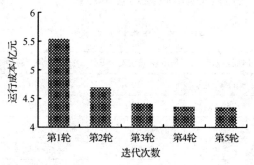

图 3-49　迭代过程

送电计划曲线如图 3-50 所示，区域 1 和区域 2 送电计划呈现出较大的差异，区域 1 送电计划在夜间低谷时段基本维持其最小送电要求的 100 万千瓦，而在高峰时段则逐步增至其最大送电能力，送电计划正调峰特征显著；区域 2 送电计划夜间低谷时段则处于较高送电要求水平，而受限于全天计划电量限制，高峰时段则处于最小送电要求水平。

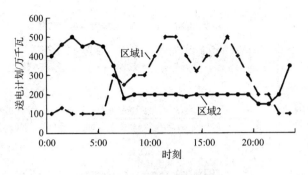

图 3-50　送电计划曲线

区域 1 和区域 2 的送电计划之所以产生如此显著的差异，根本原因在于各区域间调峰能力和调峰需求间的差异。区域 1 的负荷峰谷差较小，且新能源发电功率为正调峰类型，在三个子区域中调峰需求最小，而其燃煤机组调峰能力最强；区域 2 的峰谷差相对较大，新能源逆调峰曲线进一步增大了其他调峰需求，而其调峰能力在三个子区域中最低。为充分调用三个子区域的调峰资源，提升区域电网运行效益，优化算法在低谷时段优先安排区域 2 送电，而在负荷高峰时段安排区域 1 送电。

区域调峰资源调用情况如图 3-51 所示，优化结果显示，三个子区域电网调峰均发生在 1:00—6:00 时段范围，进一步统计易知在 1:00—2:00 及 6:00 时段三个子区域调峰资源均处于不投油调峰区间；而在 3:00—5:00 时段则处于投油调峰区间。这一结果表明该优化方法使得各区域电网调峰资源调用基本均衡，从而保证各区域燃煤机组处于最佳运行区间，最大限度均摊调峰压力，提升电网运行效益。

在传统等调峰率模式下，要求各区域电网所有燃煤机组按照等调峰深度原则均等分摊调峰需求；而区域电网在统一建模优化方法下，则通过将整个区域电网统一建模，对其直接优化求解。根据不同类型电源的调峰特性，重点分析了燃煤电厂的调峰能力，构建不同深度调峰区间的燃煤机组运行成本模型。根据燃煤机组调峰经济性差异，采用基于两层架构的区域电网优化调度方法，从而实现区域电网中各子区域的调峰资源互济，对提升区域电网新能源消纳能力及提升运行效益具有显著效果。

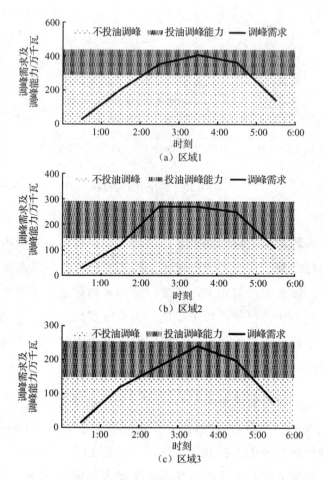

图 3-51　区域调峰资源调用情况

3.6 相关建议

一是清洁发展火电、合理发展气电、加快建设调峰电源、大力支持"新能源+储能"发展模式。充分利用浩吉铁路的运输能力，大力推进一批大型清洁高效煤电建设；积极推进抽水蓄能电站建设，大力推进火电机组灵活性改造，降低火电机组最低技术出力；引导存量风电、光伏发电主动配置储能，提升电网消纳能力，加强储能商业模式、技术路线研究，鼓励和引导储能设备参与电力辅助服务市场，科学有序发展新能源。

二是充分利用特高压交流的交换平台，协调优化华中地区各省电能盈亏互补，提高区域内电源电网利用效率。特高压交流电网建成后，将为各省提供一个更加宽阔的电能交易平台，使华中地区各省之间的优劣互补更加便捷。建议充分利用该平台，针对各省各月各时段盈亏情况，制定联动策略，对区外来电和各省电源进行统筹调剂和运行优化，加强华中地区整体性运作能力，以此实现全区平衡，提高区域内电源和电网的利用效率。

三是推进需求响应体制机制建设，提升源荷协调互动能力。加快建立科学合理的峰谷分时电价机制，引导用户削峰填谷，改善用电特性，平抑高峰负荷，缓解供电压力。加快建立辅助服务市场，鼓励和引导电力企业以竞争方式参与辅助服务，从而提升系统调峰能力。建议政府统筹推进，建立相关的需求侧管理奖励机制和监督机制，促使用户主动改变用电行为，减少高峰用电，合理减少电力系统的建设成本，缓解电网运行压力。

3.7 本章小结

随着经济结构的调整、空调负荷的增加，湖南省电网的峰谷差不断拉大，负荷特性指标逐年恶化，近年最大峰谷差率排国网系统第一。湖南省主汛期水电出力大，新能源出力呈反调峰特性，区外来电不参与受电省份的深度调峰，这些因素导致省内电网调峰能力不足。随着区外来电、新能源装机规模进一步扩大，电网调峰形势将更加严峻。

湖南省电网调峰主要依托常规火电机组及部分具有较强调节能力的水电机组，湖南省大多数常规火电机组灵活性调节的能力不足额定容量的 50%，水电机组整体调节能力一般，具备调峰能力的水电站总体规模较小，仅有抽水蓄能电站 1 座（黑麋峰抽水蓄能电站），装机规模为 120 万千瓦。

（1）2025 年，在电力缺口补平的基础上，全省电网的最大调峰缺口为 668 万千瓦，弃风电量为 42.2 亿千瓦时，风电弃电率为 17.9%；弃光电量为 13.1 亿千瓦时，光伏发电弃电率为 11.7%，新能源综合弃电量为 55.3 亿千瓦时，弃电率为 15.9%。如考虑平江抽水蓄能电站全投、东江电厂扩机投产，2025 年最大调峰缺口下降至 492 万千瓦，弃风电量为 29.3 亿千瓦时，风电弃电率为 12.5%；弃光电量为 7.4 亿千瓦时，光伏弃电率为 6.6%，新能源综合弃电量为 36.7 亿千瓦时，弃电率为 10.6%。面对空前的调峰困难和新能源消纳压力，建议加快平江抽水蓄能电站的工程进度，开展安化抽水蓄能电站和东江电厂扩机项目的前期工作。

（2）2030 年，在考虑宁夏直流满送 800 万千瓦的前提下，在 2025 年电力缺口补平的基础上，基础方案考虑规划新增燃煤机组规模为 700 万千瓦，新增抽水蓄能规模为 291 万千瓦（安化抽水蓄能电站和东江电厂扩机）。全省最大调峰缺口为 566 万千瓦，弃风电量为 16.5 亿千瓦时，风电弃电率为 6.1%；弃光电量为 6.7 亿千瓦时，光伏发电弃电率为 3.5%；新能源综合弃电量为 23.3 亿千瓦时，弃电率为 5.2%。高比例新能源方案考虑湖南"十五五"期间新增抽水蓄能规模为 531 万千瓦，其中安化抽水蓄能电站规模为 240 万千瓦，东江电厂扩机规模为 51 万千瓦，汨罗抽水蓄能电站规模为 120 万千瓦，湘南地区抽水蓄能规模为 120 万千瓦。2030 年最大调峰缺口为 705 万千瓦，弃风电量为 26.9 亿千瓦时，风电弃电率为 7.2%；弃光电量为 7.7 亿千瓦时，光伏发电弃电率为 3.1%；新能源综合弃电量为 34.6 亿千瓦时，弃电率为 5.5%。

（3）2035 年，在 2030 年电力缺口补平的基础上，考虑第三条直流入湘，送电能力按 800 万千瓦考虑，全省最大电力缺口为 519 万千瓦。基础方案考虑规划新增抽水蓄能电站规模为 300 万千瓦，新增燃煤机组规模为 300 万千瓦。全年最大调峰缺口为 600 万千瓦，弃风电量为 17.6 亿千瓦时，风电弃电率为 5.8%；弃光电量为 9.8 亿千瓦时，光伏发电弃电率为 4.2%；新能源综合弃电量为 27.4 亿千瓦时，弃电率为 5.1%。高比例新能源方案考虑湖南省"十五五""十六五"共新增抽水蓄能规模为 1071 万千瓦，其中安化抽水蓄能电站规模为 240 万千瓦，东江电厂扩机规模为 51 万千瓦，汨罗抽水蓄能电站规模为 120 万千瓦，攸县抽水蓄能电站规模为 180 万千瓦，湘南地区抽水蓄能规模为 480 万千瓦。2035 年最大调峰缺口下降至 1195 万千瓦，弃风电量为 32.5 亿千瓦时，风电弃电率为 6.3%；弃光电量为 12 亿千瓦时，光伏弃电率为 3.2%；新能源综合弃电量为 44.5 亿千瓦时，弃电率为 5.0%。

第 4 章
促进新能源消纳的湖南省电网多类型
用户负荷调峰关键技术

4.0 引言

2022 年 10 月 11 日，湖南省发展和改革委员会印发了《湖南省推动能源绿色低碳转型做好碳达峰工作的实施方案》的通知。通知提出，要大力发展风电、光伏发电，坚持集中式与分布式并举，推动风电和光伏发电大规模、高比例、高质量、市场化发展。在资源禀赋好、建设条件优、消纳和送出能力强的区域建设集中式风电项目，因地制宜建设一批农光互补、林光互补和渔光互补等集中式光伏发电项目，推进"光伏+生态治理"模式，探索建设多能互补新能源基地。

加快全省配电网智能化、数字化提档升级，巩固满足大规模分布式可再生能源接入的配电网，建设以消纳新能源为主的智能微电网，完善区域主网架结构，推动电网之间柔性可控互联，提升电网适应新能源的动态稳定水平，推动新能源全省范围内优化配置。增强系统资源调节能力。加快推动抽水蓄能电站开工建设；有序推进煤电灵活性改造，在负荷中心布局大型天然气调峰电厂；加快新型储能规模化应用，支持新能源合理配置储能系统；充分挖掘电力需求响应能力，引导企业自备电厂、工业可控负荷参与系统调节。提升系统智能调度运行水平。积极推动电力系统各环节的数字化、智慧化升级改造，加强电网柔性精细管控，促进源网荷储衔接和多源协调，提高电网和各类电源的综合利用效率，保障新能源充分消纳。

加快推动抽水蓄能电站开工建设，到 2025 年，全省抽水蓄能电站装机规模达到 155 万千瓦；到 2030 年，力争使抽水蓄能电站装机规模达到 2000 万千瓦左右。推动电化学、压缩空气、氢（氨）、热（冷）等不同类型储能在电网侧、电源侧、用户侧应用。支持风电、集中式光伏发电项目、用电企业、综合能源服务商合理配置储能电站，建设一批电网侧集中式共享储能项目。

开展大容量长时储能器件与系统集成研究，研发长寿命、低成本、高安全的锂离子电池，开展高功率液流电池关键材料、电堆设计以及系统模块的集成设计研究，推动大规模压缩空气储能电站和高功率液流电池储能电站设计。开展长寿命大功率储能器件和系统集成研究，组织大功率飞轮材料及高速轴承关键技术、电介质电容器电磁储能技术攻关，以及电化学超级电容器各类功率型储能器件等研究，推动兆瓦级超级电容器、飞轮储能系统设计与应用。

探索建立市场化的容量电价保障长效机制，充分调动可调节电源建设积极性。完善分时电价政策，合理划分峰谷时段和拉大峰谷价差，根据湖南省电网"双高峰"特点，实施季节性高峰电价，引导各类用电负荷削峰填谷。完善燃煤发电交易价格机制，及时疏导煤电企业经营压力，保障电力稳定供应和新能源消纳水平。深化输配电价改革，增强输配电价机制灵活性，科学评估新型储能输变电设施投资替代效益，探索将电网替代性储能设施成本收益纳入输配电价回收。

4.1 用户参与调峰电价引导模型

4.1.1 用户参与调峰机制研究现状

大规模可再生能源的接入导致电力系统调峰压力日益增大，灵活调节资源的匮乏成为限制可再生能源接入的主要因素。从电源侧着手进行深度调峰改造或新建调峰电厂固然能够平抑可再生能源的功率波动，但存在成本高及使发电容量利用效率进一步降低的问题。智能电网技术的快速发展使得需求侧资源参与电力系统调峰具有技术和经济上的优势。实践证明，需求响应资源已成为电力系统灵活调节资源的一个重要来源[128]。随着我国居民生活用电占比的不断提升，以及智能电表和智能家居的普及，居民智能用电已成为系统调节能力的重要资源。比如 2015 年夏季高峰期江苏省居民生活用电负荷已超过全省用电功率的 1/3[129]，且多为空调类温控负荷，同时已实证利用非工业空调负荷参与电网调峰取得了良好效果。因此，如何激发大量居民的需求响应潜力，建立居民生活用电负荷参与电网调峰的激励机制，对提高可再生能源消纳水平、降低系统峰谷差、提高电源利用效率具有重要意义。

居民需求响应主要通过家庭能量管理系统（Home Energy Management System，HEMS）实现家庭负荷与电网的互动。HEMS 依据居民生活用电需求、环境状况及价格激励信息，应用内置的居民生活用电优化策略调整各类电器的运行，优化居民生活用电负荷曲线，参与电网调峰。目前，居民优化用电的相关研究主要集中在居民生活用电负荷建模及优化调度方面。文献[130-131]研究了空调的负荷特性和调度方式。文献[132]在最小化家庭用电成本时考虑了家用电器中可中断负荷的中断次数约束。文献[133]建立了多种家用电器的负荷模型，并采用对数模型描述居民生活用电舒适度。文献[134]将家用电器分为简单可调度负荷、电池类设备、温控负荷 3 类，建立了相应的负荷调度模型，采用改进粒子群算法进行求解，然而求解速度较慢。文献[135]基于李雅普诺夫优化方法，仅使用当前时刻的负荷数据进行家庭能量优化控制。文献[136]采用模型预测方法进行家庭负荷日内滚动调度，能有效减少居民电费开支。上述工作都是着眼优化居民生活用电成本或舒适度，都未考虑居民对电网调峰的贡献。文献[137]将智能小区日负荷方差作为优化目标，但最小化局部范围的负荷波动仍未能从系统调峰的角度优化智能小区的运行方式。文献[138]研究了居民生活用电日负荷特性对电力系统边际成本的影响。

要想调动大量居民参与电网调峰，必须要有相应的激励机制。目前适用于居民的激励机制主要是分时电价，但现行的分时电价机制并未充分反映居民在参与电网调峰而降低发电成本、延缓调峰电源建设以及疏解电网阻塞而减缓电网扩建方面的贡献[139]，即仅靠现有电价机制，难以激发大量居民参与电网调峰的潜力，也未能反映不同居民对电网调峰的贡献度；而且，固定的分时电价机制可能引发新的负荷高峰[140]。因此，有必要研究居民参与电网调峰的激励机制，激发居民的响应潜力，量化不同居民对电网调峰的贡献。文献[141]以居民参与电网调峰的激励机制为着眼点，在分析家用电器负荷调度特性的基础上，建立兼顾用电舒适度的居民生活用电多类型负荷模型；从居民生活用电负荷与电力系统负荷的相关性出发，提出了一种量化居民对电力系统调峰贡献度的调峰激励模型并进行了合理性证明，进而综合用电成本、舒适度和电网激励建立了居民生活用电优化策略。

4.1.2　用户参与调峰电价引导模型

用户参与调峰电价引导模型是指建立用户的用电量与价格之间的关系，常见的用户响应模型建立方法分为四类：基于电力需求价格弹性矩阵的用户响应模型、基于社会因素的用户响应模型、基于消费者心理学的用户响应模型、基于统计学原理的用户响应模型。

4.1.2.1　基于电力需求价格弹性矩阵的用户响应模型

1）电力需求价格弹性矩阵的建立

当经济变量之间存在函数关系时，弹性被用来表示作为因变量的经济变量的相对变动对作为自变量的经济变量的相对变动的反应程度。电力需求的价格弹性也被简称为需求弹性或价格弹性，是指价格变动与其引起的需求量变动的比率，即需求量的相对变动对价格相对变动的反应程度对应的变化率，通常用电力需求价格弹性系数表示，即：

$$\varepsilon = -\frac{\partial q}{q} / \frac{\partial p}{p} \qquad (4.1)$$

式中，q 为用户的用电负荷；p 为电价；∂q 和 ∂p 分别为电量 q 和电价 p 的相对增量。

一般来说，用户对电价的响应主要有两种形式，即单一时段响应和多时段响应。单一时段响应指的是用户决定某一时段是多用电还是少用电只与当时的电价有关。比如居民的照明用电，当电价较高时，用户只能简单地以减少开灯作为响应。这种单一时段响应一般发生在用电量较少且为非必需用电的情况下。多时段响应是指用户不是简单地降低自己的用电量，而是将负荷从高电价时段转移到低电价时段，故不仅与当时的电价有关，而且与其他时段的电价有关。

根据心理学分析，对于每个用户来说，其在给定的某时段内的用电需求不仅与当前时段的电价有关，而且与其他时段的电价也有关。用户在决定是否用电时，既要考虑当前时段电价，同时也要将该时段与其他时段的电价进行对比，作为参考以做出决定。因此，不同时段的用电需求与其他各个时段的电价是相互关联的。在需求弹性模型中定义了两种不同的弹性系数来表示上述关联关系，分别是自弹性系数和互弹性系数。自弹性系数 ε_{ii} 和互弹性系数 ε_{ij} 的计算公式为：

$$\varepsilon_{ii} = \frac{\partial q_i / q_i}{\partial p_i / p_i} \tag{4.2}$$

$$\varepsilon_{ij} = \frac{\partial q_i / q_i}{\partial p_j / p_j} \tag{4.3}$$

式中，i, j 代表不同时段；q_i 为 i 时段的用电负荷；p_i 和 p_j 分别代表用户在 i 时段和 j 时段的电价；∂q 和 ∂p 分别为各时段用电负荷需求和电价的变化量。因此，对于某时段 $1 \sim n$，可得到如下公式：

$$\begin{bmatrix} \partial q_1 / q_1 \\ \partial q_2 / q_2 \\ \vdots \\ \partial q_n / q_n \end{bmatrix} = \boldsymbol{E} \begin{bmatrix} \partial p_1 / p_1 \\ \partial p_2 / p_2 \\ \vdots \\ \partial p_n / p_n \end{bmatrix} \tag{4.4}$$

$$\boldsymbol{E} = \begin{bmatrix} \varepsilon_{11} & \varepsilon_{12} & \cdots & \varepsilon_{1n} \\ \varepsilon_{21} & \varepsilon_{22} & \cdots & \varepsilon_{2n} \\ \vdots & \vdots & \ddots & \vdots \\ \varepsilon_{n1} & \varepsilon_{n2} & \cdots & \varepsilon_{nn} \end{bmatrix} \tag{4.5}$$

式中，$\boldsymbol{E}$ 为电力需求价格弹性矩阵。令 $n=24$，可根据式（4.4）得到响应后用户的用电量，即：

$$\begin{bmatrix} q_1 \\ q_2 \\ \cdots \\ q_{24} \end{bmatrix} = \begin{bmatrix} q_{0,1} \\ q_{0,2} \\ \cdots \\ q_{0,24} \end{bmatrix} + \begin{bmatrix} q_{0,1} & & & \\ & q_{0,2} & & \\ & & \cdots & \\ & & & q_{0,24} \end{bmatrix} \boldsymbol{E} \begin{bmatrix} \partial p_1 / p_1 \\ \partial p_2 / p_2 \\ \cdots \\ \partial p_{24} / p_{24} \end{bmatrix} \tag{4.6}$$

2）电力需求价格弹性矩阵的结构分析

不同用户的电力需求价格弹性是不同的，可根据不同的用户分成三类，其结构如图 4-1 所示。图中，$\cdots$ 表示任意元素，$\times$ 表示非零元素。

不同用户的电力需求价格弹性矩阵 $\boldsymbol{E}$ 的元素分布不同。如果用户只知道当

前时刻 i 以前的电价（时刻 $1\sim i-1$ 的电价），则矩阵只有下三角有非零元素。如果用户已知所有时刻的电价信息，则矩阵上下三角均有非零元素，而不同用户对电价敏感程度不同且调整用电量的时段分布也不均匀。如果用户对电价敏感且能够在较长的时段内重新调整他们的用电量，则非零元素沿对角线分布较宽，反之，如果只能在较短的时间范围内调整他们的用电量或对电价不太敏感，则非零元素沿对角线分布较窄。

$$\begin{bmatrix} \ddots & 0 & 0 & 0 \\ \cdots & \ddots & 0 & 0 \\ \times & \cdots & \ddots & 0 \\ \cdots & \times & \cdots & \ddots \end{bmatrix} \begin{bmatrix} \ddots & 0 & \times & 0 \\ \cdots & \ddots & 0 & \times \\ 0 & \cdots & \ddots & 0 \\ 0 & 0 & \times & \ddots \end{bmatrix} \begin{bmatrix} \ddots & \times & \cdots & \cdots \\ \times & \ddots & \times & \cdots \\ \cdots & \times & \ddots & \times \\ \cdots & \cdots & \times & \ddots \end{bmatrix}$$

图 4-1　电力需求价格弹性矩阵的结构

4.1.2.2　基于社会因素的用户响应模型

峰谷分时电价作为一种重要的电价制度，能够通过经济杠杆作用来激励用户转移自身用电负荷，从而达到削峰填谷的目的。由 4.1.2.1 节基于电力需求价格弹性矩阵的用户响应模型可知，用户会随着电价的变化去调整自己的用电习惯，以减少自身的用电费用。

然而在实际响应过程中，由于用户具有主观能动性，因此用户是否参与需求响应除了受电价政策影响，同时还会受需求响应政策宣传时间和力度、用户群体行为等社会因素的影响。为了量化用户参与度对负荷的影响，本节在基于电力需求价格弹性矩阵需求响应模型的基础上，加入了用户的响应意愿系数。图 4-2 所示为用户意愿系数随时间变化曲线。

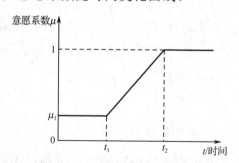

图 4-2　用户意愿系数随时间变化曲线

用户意愿系数随时间变化曲线主要分为三个阶段，$0\sim t_1$ 处于政策实施初始阶段，该阶段由于宣传力度较小、用户对新政策不了解等原因，用户响应意愿不高，意愿系数为 μ_1；随着宣传力度加大，且其余未响应用户观察到响应者获得可观的经济效益，意愿系数不断增加；直至 t_2 时刻达到饱和，全部用户参与响应，意愿系数为 1。

在考虑社会因素对用户的影响时，可将式（4.6）修改为以下式子，以反映用户在电价与社会因素影响下用电需求的变化情况。

$$
\begin{bmatrix} q_1 \\ q_2 \\ \cdots \\ q_{24} \end{bmatrix} = \begin{bmatrix} q_{0,1} \\ q_{0,2} \\ \cdots \\ q_{0,24} \end{bmatrix} + \mu \begin{bmatrix} q_{0,1} & & & \\ & q_{0,2} & & \\ & & \cdots & \\ & & & q_{0,24} \end{bmatrix} \times E \begin{bmatrix} \partial p_1/p_1 \\ \partial p_2/p_2 \\ \cdots \\ \partial p_{24}/p_{24} \end{bmatrix} \tag{4.7}
$$

式中，μ 代表用户需求响应度。

4.1.2.3　基于消费者心理学的用户响应模型

所有商品一旦进入市场都会面临市场竞争的考验，而如何获得消费者的青睐，从而在竞争中脱颖而出，主要的决定性因素是商品品牌留给消费者的印象，也就是说用户的消费行为是受到心理因素支配的。对于电力行业来说，由于电能具有即发即用、无法大量储存的特点，如何能够从需求侧入手，使得用户自主参与到削峰填谷的举措中来，从而改善负荷曲线，这一直都是电力行业重点关注的问题，这个问题实质上来讲还是在研究消费者的心理，由此可见，消费者心理学对于电力行业的市场竞争具有重要的意义。

消费者心理学属于商业心理学的研究范围，主要探索消费者购买和使用商品的行为规律，研究对象既包括消费者也包括产品本身。对消费者心理学的研究主要包括消费者的看法态度、情感喜好及决策购买行为的过程，而对商品的研究则包括商品本身的特性、市场营销策略、广告、商品使用范围。研究消费者心理学一是可以指导工商业的生产和管理，为企业提供相关决策信息；二是通过对消费者的需求、购买动机以及消费体验的深入了解，可以让企业做到对症下药，从产品的质量和服务水平或者营销策略等方面有针对性地提出改进建议。一般主要从以下两个方面研究消费者心理学：影响消费者心理与行为产生的内部原因，包括消费者心理活动过程、消费者差异性心理特征、消费者的生理因素；影响消费者心理与行为的外部原因，包括社会因素、市场因素、产品因素、自然因素。

　　商品价格对于消费行为的影响在众多的影响因素中是最明显的。但对于消费者来说，价格与其他商品因素作用的心理机制不一样。消费者心里有自己的评判依据，用户将价格、作用、品质结合在一起来决定是否购买商品。商户通过调整价格、制定销售策略可获得较多利润。在其他因素不变的条件下，只考虑价格对商品销量的影响，可以发现，商品的价格和销量呈相反的变化趋势，销量随价格的上升而下降，反之亦然。价格与销量的关系如图 4-3 所示。

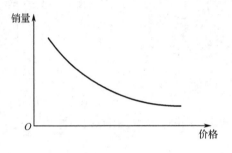

图 4-3　价格与销量的关系

　　价格与销量的关系同样可以类比到电能，因为电能也是一种商品，而且电能作为生活中必不可少的一种商品，电能的需求在短期内可能发生变化。但如果从时段划分峰、谷、平时段，并且给予对应的电价，则谷时段电价低，峰时段电价高，平时段电价居中，将会形成相应的电价差。这样一来，不同时段的电能之间就有可替代性，如果不是必要的用电行为，用户就可以把峰时段的用电负荷转移到谷时段，这样一来既可以为用户节省用电费用，又可以使得用户负荷按一定的趋势改变，从而得到符合发电侧所期待的负荷情况。

　　根据消费者心理学的理论，用户对于不同的电价有着不同程度的响应，会引发不同的消费行为。电价是对用户的一种刺激，针对这种刺激的响应并不是无限的，存在一个差别阈值，当刺激过大超过阈值上限时，用户将达到饱和状态，基本不再进行响应，大于这个阈值上限的电价范围被称为响应饱和区。相反，当电价差很小低于某一阈值下限时，用户受到的刺激不足以使其产生响应，小于该阈值下限的电价范围被称为响应死区。而在阈值下限与上限之间的范围内用户将对于刺激做出响应，且响应程度与刺激的大小近似成线性关系，因此称为响应线性区。由此可得到一个近似的分段函数，死区阈值、线性段斜率和饱和区阈值是起决定性作用的三个参数。

　　三个参数对应的不同结果反映的是不同类型的用户反应曲线。其中为了更加明显地表达用户响应与电价刺激的数量关系，引入转移率的概念：用户基于不同时段之间的电价差，从高电价时段向低电价时段转移的负荷总量与高电价时段负荷总量的比值。

　　假设各时段的转移率和相应的电价差值成比例关系，当电价差值低于或超出一定值时用电负荷不再产生转移。采用线性回归方法结合社会调查数据，将用户对电价产生的反应近似拟合成一个线性模型，如图 4-4 所示。

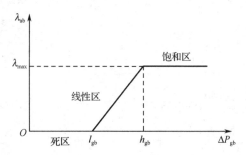

图 4-4　负荷转移率与电价差的关系

　　图中，横坐标轴代表各个时段之间的电价差，用户反应由纵坐标轴体现，采用负荷转移率进行描述。由此可得负荷转移率与电价差之间的数学关系为：

$$\lambda_{gd} = \begin{cases} 0, & 0 \leqslant \Delta P_{gd} \leqslant l_{gd} \\ K_{gd}(\Delta P_{gd} - l_{gd}), & l_{gd} < \Delta P_{gd} < h_{gd} \\ \lambda_{max}, & \Delta P_{gd} \geqslant h_{gd} \end{cases} \tag{4.8}$$

式中，g 和 d 分别为高电价、低电价时段；ΔP_{gd} 为两时段电价差；l_{gd}、h_{gd} 分别为死区与线性区上限值；K_{gd} 为线性区斜率；λ_{gd} 为时段 g 到时段 d 的负荷转移率；λ_{max} 为最大转移率。

　　根据消费者心理学原理可知，式（4.8）描述了用户在峰谷平三个时段的负荷转移情况。下面分析峰–谷时段间负荷转移率 λ_{fg}、峰–平时段间负荷转移率 λ_{fp}、平–谷时段间负荷转移率 λ_{pg}。

$$\lambda_{fg} = \begin{cases} 0, & 0 \leqslant \Delta P_{fg} \leqslant l_{fg} \\ K_{fg}(\Delta P_{fg} - l_{fg}), & l_{fg} < \Delta P_{fg} < h_{fg} \\ K_{fg}(h_{fg} - l_{fg}), & \Delta P_{fg} \geqslant h_{fg} \end{cases} \tag{4.9}$$

$$\lambda_{fp} = \begin{cases} 0, & 0 \leqslant \Delta P_{fp} \leqslant l_{fp} \\ K_{fp}(\Delta P_{fp} - l_{fp}), & l_{fp} < \Delta P_{fp} < h_{fp} \\ K_{fp}(h_{fp} - l_{fp}), & \Delta P_{fp} \geqslant h_{fp} \end{cases} \tag{4.10}$$

$$\lambda_{pg} = \begin{cases} 0, & 0 \leqslant \Delta P_{pg} \leqslant l_{pg} \\ K_{pg}(\Delta P_{pg} - l_{pg}), & l_{pg} < \Delta P_{pg} < h_{pg} \\ K_{pg}(h_{pg} - l_{pg}), & \Delta P_{pg} \geqslant h_{pg} \end{cases} \tag{4.11}$$

根据各个时段的负荷转移率，并考虑时段变化，进而可得到用户响应后各个时段的负荷为：

$$Q_t = \begin{cases} Q_{0,t} + \lambda_{fg} \cdot \overline{Q}_f \cdot \dfrac{T_f}{T_g} + \lambda_{pg} \cdot \overline{Q}_p \cdot \dfrac{T_p}{T_g}, & t \in T_g \\ Q_{0,t} + \lambda_{fp} \cdot \overline{Q}_f \cdot \dfrac{T_f}{T_p} - \lambda_{pg} \cdot \overline{Q}_p, & t \in T_p \\ Q_{0,t} - \lambda_{fp} \cdot \overline{Q}_f - \lambda_{fg} \cdot \overline{Q}_f, & t \in T_f \end{cases} \tag{4.12}$$

式中，$Q_{0,t}$、Q_t分别为响应前、后t时刻负荷；T_g、T_p、T_f分别为谷、平、峰时段；$\overline{Q}_p$、$\overline{Q}_f$分别为响应前平时段、峰时均负荷。

4.2.2.4 基于统计学原理的用户响应模型

在影响用户电力需求的诸多要素中，电价是最主要的因素，因此可以利用调查统计的方法对用户设计问卷调查，并基于统计学原理对调查数据进行回归分析，从而得到用户对电价的响应。

4.2 电源的用户调峰策略

4.2.1 湖南省新能源消纳现状分析

下面针对湖南省进行案例分析，某日用户负荷、新能源消纳、新能源出力数据如表 4-1 所示，峰谷平时段的初始电价如表 4-2 所示。

表 4-1   某日用户负荷、新能源消纳、新能源出力数据

单位：MW

时　刻	新能源出力	新能源消纳	用户负荷
1:00	999.01	920	20050
2:00	1137.70	1049	19659
3:00	1220.95	1099	18309
4:00	1214.44	1117	17285
5:00	1013.02	929	16854
6:00	1091.07	1003	16114
7:00	1096.12	1017	15567
8:00	1148.57	1077	15203
9:00	1381.65	1298	16387
10:00	1739.08	1468	18878
11:00	2066.20	1677	20020
12:00	2008.47	1605	20992
13:00	2208.26	1739	21144
14:00	2173.38	1668	22287
15:00	2282.91	1788	22303
16:00	2105.14	1715	21650
17:00	1903.41	1665	20925
18:00	1610.47	1492	20813
19:00	1579.38	1428	19487
20:00	1667.12	1481	19004
21:00	1788.94	1554	21008
22:00	1741.45	1509	22113
23:00	1801.67	1543	21418
24:00	1714.12	1506	21992

表 4-2   峰谷平时段的初始电价

	时　段	初始电价/元
峰	8:00—11:00，15:00—22:00	0.7647
平	7:00—8:00；11:00—15:00；22:00—23:00	0.6147
谷	23:00—7:00	0.4147

图 4-5 和图 4-6 分别为湖南省的新能源消纳曲线、鸭子曲线与负荷曲线。由图 4-5 可以看出，新能源消纳峰期主要集中在中午，由于湖南省新能源多为

风电，凌晨为新能源出力峰期，但此时的新能源消纳量较少，因此弃风较为严重。从图 4-6 可以看出，早上 8 时为负荷谷点，从 11 时开始负荷曲线逐渐进入峰期，而后负荷保持在 25000 MW 左右，并且负荷峰谷差较大，为 13412 MW，调峰压力较大，因此有必要采取相应措施，减少弃风电量，缓解系统调峰压力。

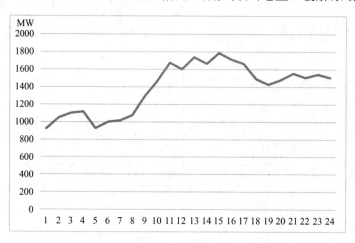

图 4-5　新能源消纳曲线

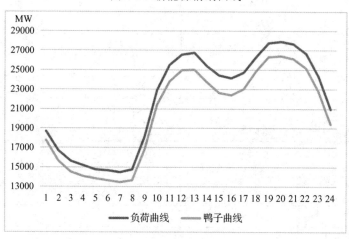

图 4-6　鸭子曲线与负荷曲线

4.2.2　峰谷分时电价对负荷特性的影响

从负荷角度来看，新能源出力具有明显的反调峰特性，即在负荷高峰期新能源出力较小，在负荷低谷期新能源出力较大，且由于新能源发电的不可控性，发电追踪负荷很难应用于调峰领域，且效果并不显著。由于负荷是随时间变化的，在理想条件下，用户的用电量足够多，便可完全消纳新能源出力，但事实上并不能达到理想情况。因此在电源调峰、电网调度等能力有限的情况下，只有通过负荷侧的调节才能尽可能多地消纳新能源出力，将发电追踪负荷转变为负荷追踪发电。

峰谷分时电价作为一种需求侧管理手段，能够很好地实现这一作用。峰谷分时电价提高新能源消纳水平的机制如图 4-7 所示。通过在峰时段制定较高的价格，在谷时段采取低价格来影响用户在各个时段的用电量，用户会响应低电价从而增加谷时段的用电量，进而改善电力系统供需情况，如利用峰谷分时电价政策引导电动汽车用户参与需求响应。2021 年 2 月 9 日，湖南省人民政府印发了《关于加快电动汽车充（换）电基础设施建设的实施意见》，其中指出探索车桩双向充电技术、充电设施与智能电网、风光+储能、智能交通等新技术融合发展。鼓励充电设施与商业地产结合、充电服务企业与整车企业合作及众筹等共建共享运营模式的推广应用。根据上述文件中的发展目标,到 2025 年年底，全省充电设施保有量达到 40 万个以上。可见，在国家相关政策的激励与指引下，湖南省电动汽车将呈现出快速增加的态势，当充电电价实行峰谷分时电价后，由于峰谷价格差的存在，电动汽车用户在保证正常用车的前提下更倾向于选择在电价更低的时段充电，制定合理的峰谷分时电价有助于提高电网运行效率、改善电网运行水平、缓解调峰压力，进而减少弃光/风电量，提高电力系统整体的新能源消纳水平。

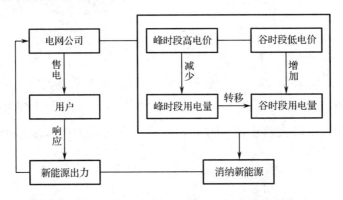

图 4-7　峰谷分时电价提高新能源消纳水平的机制

4.2.3 峰谷平时段划分及电价组合优化策略

4.2.3.1 峰谷平时段划分策略

只有当峰平谷时段的划分能够全面反映实际负荷的峰谷特性时，才能制定出合理的峰谷分时电价方案。目前主要有两种确定方法：第一种是利用统计学规律进行归纳；第二种是利用模糊数学原理进行计算。考虑到实际数据来源与情况，本书选取模糊数学的方法对峰平谷时段进行划分。

1）隶属度函数计算

假设负荷曲线的最大值隶属于峰时段的可能性为100%，最小值隶属于谷时段的可能性为 100%。对于负荷曲线上的其他各点来说，首先分别计算其相对于峰值和谷值的隶属度，接着通过比较这两个值的大小来确定该点更接近于峰时段还是谷时段：采用偏大型半梯形隶属度函数来确定各时段负荷隶属于峰时段的程度，如图4-8（a）所示；采用偏小型半梯形隶属度函数来确定各时段负荷隶属于谷时段的程度，如图4-8（b）所示。

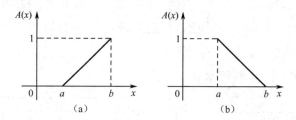

图 4-8　模糊隶属度函数曲线

图 4-8 中 a 点和 b 点分别为负荷曲线上的最小值和最大值；x 为负荷曲线上的各点；$A(x)$ 表示点 x 隶属于峰或谷时段的程度。当负荷曲线上某个点的峰时段隶属度和谷时段隶属度均近似为50%时，将其归为平时段，计算公式如下所示。

偏大型半梯形隶属度函数为：

$$A(x) = \frac{x-a}{b-a} \tag{4.13}$$

偏小型半梯形隶属度函数为：

$$A(x) = \frac{b-x}{b-a} \tag{4.14}$$

因此，采用偏大型半梯形隶属度函数与偏小型半梯形隶属度函数计算峰、谷隶属度的公式如下所示。

$$\begin{cases} u_{\mathrm{fi}} = \dfrac{Q_t - \min(Q_t)}{\max(Q_t) - \min(Q_t)} + \dfrac{\max(Q_{\mathrm{x}}) - Q_{\mathrm{x},t}}{\max(Q_{\mathrm{x}}) - \min(Q_{\mathrm{x}})} \\ u_{\mathrm{gi}} = \dfrac{\max(Q_t) - Q}{\max(Q_t) - \min(Q_t)} + \dfrac{Q_{\mathrm{x},t} - \min(Q_{\mathrm{x}})}{\max(Q_{\mathrm{x}}) - \min(Q_{\mathrm{x}})} \end{cases} \tag{4.15}$$

式中，u_{fi} 为净负荷峰隶属度；u_{gi} 为净负荷谷隶属度；Q_t、Q_{x} 为 t 时刻用户负荷和新能源消纳量；$\max(Q_t)$、$\max(Q_{\mathrm{x}})$ 为负荷峰值、新能源消纳峰值；$\min(Q_t)$、$\min(Q_{\mathrm{x}})$ 为负荷谷值、新能源消纳谷值。

2）峰隶属度与谷隶属度阈值

由式（4.15）可得到各个时段的峰、谷隶属度，某时刻峰隶属度越大，则说明其隶属于峰时段的可能性越大；谷隶属度越大，则说明隶属于谷时段的可能性就越大。再参照传统峰谷隶属度划分，引入峰隶属度与谷隶属度阈值，通过确定峰谷隶属度阈值来划分时刻所属时段，即

$$\begin{cases} t \in T_{\mathrm{f}}, & u_{\mathrm{ft}} \geq m_1 \\ t \in T_{\mathrm{g}}, & u_{\mathrm{gt}} \leq m_2 \\ t \in T_{\mathrm{p}}, & t \notin (T_{\mathrm{f}} \bigcup T_{\mathrm{g}}) \end{cases} \tag{4.16}$$

式中，T_{f}、T_{p}、T_{g} 分别为峰、平、谷时段；m_1 为峰隶属度阈值，m_2 为谷隶属度阈值。

4.2.3.2　峰谷平时段优化模型

1）模型建模

（1）目标函数。由上文可知，在负荷转移率的各个参数已确定以及峰谷平电价不变的情况下，已知用户原始负荷及初始电价，峰谷平时段的划分由 m_1、m_2 共同决定，因此将这两个变量作为决策变量以构建峰谷平时段优化模型，促进新能源消纳最大化，同时满足用户满意度，目标函数如下所示。

$$f_1 = \max \left(\omega_1 \frac{\sum_{t=1}^{24} Q_{x,t} - \sum_{t=1}^{24} Q_{x_0,t}}{\sum_{t=1}^{24} Q_{c,t}} + \omega_2 \theta \right) \qquad (4.17)$$

式中，$Q_{x_0,t}$、$Q_{x,t}$ 分别为响应前后 t 时刻新能源的消纳；$Q_{c,t}$ 为 t 时刻新能源出力；θ 为用户满意度；ω_1、ω_2 为权值。

（2）约束条件。时段约束：为避免用户侧调峰后出现峰谷倒置现象，规定峰谷平各时段总时长不低于 6 小时。

新能源出力约束：各时刻的新能源消纳量不得超过该时刻的最大出力值。

$$Q_{x,t} \leqslant Q_{c,t} \qquad (4.18)$$

机组最小运行时间与最小停运时间约束：

$$\begin{cases} T_i^{on} \geqslant T_i^{MR} \\ T_i^{off} \geqslant T_i^{MS} \end{cases} \qquad (4.19)$$

式中，T_i^{on}、T_i^{MR} 分别为机组 i 的持续运行时间与最小运行时间；T_i^{off}、T_i^{MS} 分别为机组 i 的持续停机时间与最小停运时间。

机组爬坡约束：

$$\begin{cases} P_{i,t}^g - P_{i,t-1}^g \leqslant \Delta t \times r_{i,up} \\ P_{i,t-1}^g - P_{i,t}^g \leqslant \Delta t \times r_{i,down} \end{cases} \qquad (4.20)$$

式中，$r_{i,up}$、$r_{i,down}$ 分别为机组 i 的上、下爬坡能力；Δt 为一个时段对应的小时数。

2）粒子群算法求解

粒子群算法又称为粒子群优化算法、微粒群算法或微粒群优化算法，该算法是由 Eberhart 博士和 Kennedy 博士提出的。它是通过模拟鸟群觅食行为而发展起来的一种基于群体协作的随机搜索算法，其基本核利用群体中的个体对信息的共享，使得整个群体的运动在问题求解空间得到有序的演化过程，从而获得问题的最优解。粒子群算法的步骤如下：

（1）粒子群初始化：设置最大迭代次数、目标函数的自变量个数、粒子的最大速度、位置信息为整个搜索空间、粒子群规模，以及每个粒子都随机初始化一个速度。

（2）根据目标函数计算各粒子的适应度，并初始化个体、全局最优值。

（3）判断是否满足终止条件，是则停止搜索，输出搜索结果；否则继续下一步。

（4）根据式（4.21）所示的速度、位置更新公式更新各粒子的速度和位置。

$$V_{t+1} = \omega V_t + C_1 \times \mathrm{rand} \times (P_b - X_t) + C_2 \times \mathrm{rand} \times (G_B - X_t)$$
$$X_{t+1} = X_t + V_t \tag{4.21}$$

式中，V_t、X_t 分别为第 t 次迭代后粒子的速度与位置；rand 为[0,1]内的随机数；P_b 为粒子群个体最优位置；G_B 为粒子群全局最优位置；ω 为惯性权值；C_1、C_2 分别为自学习因子与社会学习因子。

（5）根据目标函数计算各粒子的适应度。

（6）更新各粒子的历史最优值以及全局最优值。

（7）跳转至步骤（3）。

3）峰谷平时段优化策略仿真流程

峰平谷时段优化策略仿真流程如图 4-9 示，以湖南省电网为例，具体流程如下：

（1）数据处理：对湖南省电网负荷数据进行整理得到新能源出力数据、消纳数据、负荷数据以及初始峰谷平时段及电价，如前文所述。

（2）设立目标函数、约束条件：基于前文所述，建立新能源消纳最大及用户满意度最高的目标函数。计算公式如式（4.17）所示，其中的权值 ω_1、ω_2 均为 0.5，由式（4.17）得到用户满意度。

（3）优化求解：依据前文所提的基于消费者心理学的用户响应模型，采用粒子群算法对峰谷隶属度阈值进行优化求解。

（4）峰平谷时段的划分：依据 4.1.2.3 节的内容得到新的最优峰平谷时段。

（5）响应前后新能源消纳及鸭子曲线结果对比。

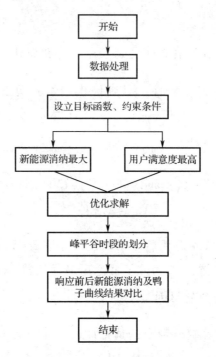

图 4-9　峰平谷时段优化策略仿真流程

4.2.3.3　峰谷平时段及电价组合优化模型

1）目标函数

由上可知，在已知用户响应模型、初始数据、发电侧调度策略的情况下，进一步对于峰谷平时段及电价进行组合优化，构建目标函数如下：

$$f_2 = \max\left(\omega_1 \frac{\sum\limits_{t=1}^{24} Q_{x,t} - \sum\limits_{t=1}^{24} Q_{x_0,t}}{\sum\limits_{t=1}^{24} Q_{c,t}} + \omega_2 \theta \right) \tag{4.22}$$

式中，$Q_{x_0,t}$、$Q_{x,t}$ 分别为系统响应前后 t 时刻新能源的消纳；$Q_{c,t}$ 为 t 时刻新能源出力；θ 为用户满意度；ω_1、ω_2 为权值。

2）约束条件

时段约束条件：为避免用户侧调峰后出现峰谷倒置现象，规定峰谷平各时段总时长不低于 6 小时。

峰谷价差约束：为进一步缓解电力系统调峰压力以及满足国家发展改革委发布的《关于进一步完善分时电价机制的通知》中所述的峰/谷价价差原则上不低于 4∶1 的要求：

$$p_f > p_p > p_g$$
$$p_f/p_g = \lambda \qquad (4.23)$$

式中，p_f、p_p、p_g 分别表示峰、平、谷时段电价；λ 是为限定峰、谷时段电价比而设定的常数，其数值一般取 4～6。

火电机组出力约束：

$$P_{i,t}, \quad \text{s.t.} \underset{\text{max}}{i}, \underset{\text{min}}{i} \qquad (4.24)$$

式中，$P_{i,t}$ 为机组 i 在 t 时刻的出力值；$P_{i,\min}$、$P_{i,\max}$ 分别为机组 i 的最小技术出力与最大出力。

机组最小运行时间与最小停运时间约束见式（4.19），火电机组爬坡约束见式（4.20）。

4.2.3.4　用户满意度分析

电力负荷曲线反映了用户的用电习惯和用电安排。在执行峰谷分时电价后，许多用户为了节省电费开支积极参与负荷的转移，尤其是峰时段和谷时段的用电量会发生较大的变动，但这种用电方式的大变动与用户平时的习惯相违背，用户很可能就会对政策有抵触情绪。因此，在实施用户负荷转移策略时，需要考虑用户满意度。

用户满意度的含义是用户对于目前的用电环境和用电方式的满意程度，而电力消费者则是电力营销的对象，有必要充分考虑其在电力营销中的行为变化。假使推出的峰谷分时电价的政策太过于强调削峰填谷的效果而完全忽略用户满意度，从而使用户的用电习惯发生了很大的改变，就会引起用户对政策的抵触情绪，对政策的执行造成一定的阻力，所以在制定峰谷分时电价时，也要充分考虑到响应峰谷分时电价后用户满意度的变化，在一定的约束范围内保证用户满意度，从而保证用户积极配合执行峰谷分时电价政策。

本书将执行峰谷分时电价后各时段用电费用的变化以及实施峰谷分时电价之前用户满意度最大时的用电费用来量化用户满意度，其数学表达式为：

$$\theta = 1 - \frac{W}{W_0} \tag{4.25}$$

式中，W、W_0 分别为用户响应后、响应前总用电费用。

4.2.4　湖南省电网典型日总体负荷优化分析

1）初始数据

以湖南省电网为例，通过某典型日负荷数据为原始负荷，建立基于消费者心理学的用户响应模型，通过调研得到湖南省多类大工业用户对电价改变的响应意愿。湖南省电网用户负荷率与电价关系如图 4-10 所示。

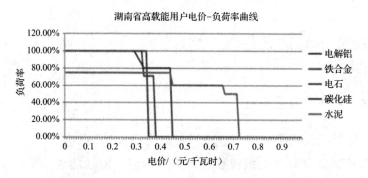

图 4-10　湖南省用户负荷率与电价关系

对图 4-10 中的曲线进行拟合分析，最终得到电力需求价格弹性矩阵系数，如表 4-3 所示。

表 4-3　电力需求价格弹性矩阵系数

时　　段	峰　时　段	平　时　段	谷　时　段
峰时段	−0.4546	0.2241	0.2305
平时段	0.2153	−0.4459	0.2306
谷时段	0.2151	0.2241	−0.4392

基于消费者心理学的用户响应模型参数如表 4-4 所示，表中 g、d 分别表示高电价、低电价时段；ΔP_{gd} 为两时段电价差；l_{gd}、h_{gd} 分别为死区与线性区上限值；K_{gd} 为线性区斜率；λ_{gd} 为时段 g 到时段 d 的负荷转移率；$\lambda_{\max}$ 为最大转移率。

表 4-4　基于消费者心理学的用户响应模型参数

	峰-谷	峰-平	平-谷
l_{gd}	0.3064	0.0738	0.1108
h_{gd}	0.505	0.493	0.176
K_{gd}	0.278	0.064	0.612

2）仿真结果

本节基于 4.2.3 节介绍的初始数据、调度策略及优化的仿真流程，采用基于电力需求价格弹性矩阵和消费者心理学两种用户响应模型，对湖南省电网某典型日峰谷平时段进行优化，通过粒子群算法得到用户响应前后峰平谷时段划分结果、优化结果，其对比如表 4-5 和表 4-6 所示，用户响应前后负荷曲线如图 4-11 和图 4-12 所示。

表 4-5　湖南省电网某典型日优化前后峰谷平时段划分结果对比

	峰　时　段	平　时　段	谷　时　段
优化前时段	8:00—11:00 15:00—22:00	7:00—8:00 11:00—15:00 22:00—23:00	23:00—7:00
优化后时段 （基于电力需求价格弹性矩阵的用户响应模型）	12:00—15:00 18:00—24:00	8:00—12:00 15:00—18:00	24:00—8:00
优化后时段 （基于消费者心理学的用户响应模型）	12:00—15:00 18:00—24:00	8:00—12:00 15:00—18:00	24:00—8:00

表 4-6　湖南省电网某典型日用户响应前后优化结果对比

	新能源消纳	用电费用/万元	负荷曲线峰谷差/MW
优化前	86.19%	31541.7	7372.48
优化后 （基于电力需求价格弹性矩阵的用户响应模型）	89.13%（+2.94%）	30772.1（−2.44%）	6328.18（−14.16%）
优化后 （基于消费者心理学的用户响应模型）	89.13%（+2.94%）	30907.7（−2.01%）	6400.37（−13.16%）

两种模型优化后所得的峰谷平时段划分结果相同，即需增发新能源消纳的时间点相同，但由于湖南省新能源出力较少，优化后新能源消纳量皆达到该时刻的出力值，使得新能源消纳提升量相同。

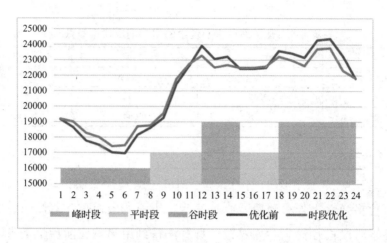

图 4-11 用户响应前后负荷曲线（基于电力需求价格弹性矩阵的用户响应模型，单位为MW）

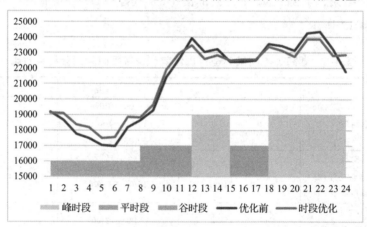

图 4-12 用户响应前后负荷曲线（基于消费者心理学响应的用户响应模型，单位为MW）

以湖南省电网为例，通过 4.2.3 节介绍的初始数据、调度策略及优化的仿真流程，采用基于电力需求价格弹性矩阵和消费者心理学两种用户响应模型进行优化并进行对比。组合优化前后对比如表 4-7 所示。

表 4-7 组合优化前后对比

	峰 时 段	平 时 段	谷 时 段
优化前时段	8:00—11:00 15:00—22:00	7:00—8:00 11:00—15:00 22:00—23:00	23:00—7:00
优化后时段（仅优化）	12:00—15:00 18:00—24:00	8:00—12:00 15:00—18:00	24:00—8:00
优化后时段（组合优化）	12:00—15:00 18:00—24:00	8:00—12:00 15:00—18:00	24:00—8:00

续表

	峰 时 段	平 时 段	谷 时 段
初始电价	0.7647	0.6147	0.4147
响应后电价	0.9443	0.5882	0.2319

由表 4-7 可以看出，组合优化模型在峰时段提高电价，而在平、谷时段降低电价，以引导用户将峰时段的部分负荷转移至平、谷时段，增加平、谷时段的用电量。

用户响应前后的新能源消纳、负荷曲线峰谷差及用电费用对比如表 4-8 所示。

表 4-8　用户响应前后的新能源消纳、负荷曲线峰谷差及用电费用对比

	新能源消纳	用电费用/万元	负荷曲线峰谷差/MW
优化前	86.19%	31541.7	7372.48
时段优化 （基于电力需求价格弹性 矩阵的用户响应模型）	89.13%（+2.94%）	30772.1（−2.44%）	6328.18（−14.16%）
组合优化 （基于电力需求价格弹性 矩阵的用户响应模型）	92.53%（+6.34）	30138.1（−4.45%）	5492.6（−25.50%）
组合优化 （基于消费者心理学的用 户响应模型）	90.74%（+4.55%）	30384.1（−3.67%）	5968.9（−19.04%）

由表 4-8 可以看出，相较于仅优化时段，基于电力需求价格弹性矩阵的用户响应模型时段、电价组合优化对提升新能源消纳的效果更好，新能源消纳量相较于仅优化时段增加了 3.4%，与此同时，负荷曲线峰谷差相较于仅优化时段减少了 11.34%，削峰填谷效果更加明显。

时段电价组合优化前后的负荷变化如图 4-13 和图 4-14 所示。

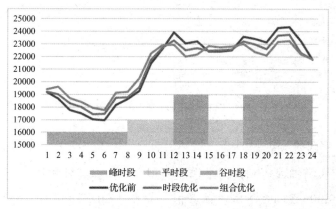

图 4-13　时段优化与组合优化负荷曲线（基于电力需求价格弹性矩阵的用户响应模型，单位为 MW）

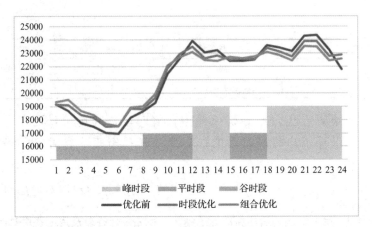

图 4-14　时段优化与组合优化负荷曲线（基于消费者心理学的用户响应模型，单位为 MW）

　　由图 4-13 和图 4-14 可知，相较于基于消费者心理学的用户响应模型，基于电力需求价格弹性矩阵的用户响应模型的平、谷时段电价更低，因此此时负荷增量越多，新能源消纳提升量就越大。

4.2.5　湖南省电网四季节峰谷平时段电价优化分析

　　为了进一步分析峰谷平时段划分对湖南省电网各季度负荷的具体影响，本节选取湖南省电网各季度的典型日，并分别绘制典型日负荷曲线，如图 4-15 所示。

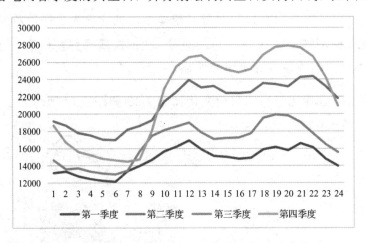

图 4-15　湖南省电网各季度典型日负荷曲线（单位为 MW）

　　由典型日负荷曲线可知，四个季度典型日的负荷特性相似，分别在 11:00—13:00 以及 19:00—21:00 达到负荷峰值，而在 1:00—8:00 为负荷谷值，典型日内呈现出两峰两谷特性。基于 4.2.3 节介绍的初始数据、调度策略及优化的仿真流程，下面将基于该典型日负荷曲线对湖南省各季度典型日负荷进行时段优化，所得优化结果如下。春季典型日时段优化结果是，峰时段为 10:00—14:00 和 18:00—23:00，平时段为 8:00—10:00 和 14:00—18:00、23:00—1:00，谷时段为 1:00—8:00。春季典型日时段优化前后对比如表 4-9 所示。

表 4-9　春季典型日时段优化前后对比

	峰 时 段	平 时 段	谷 时 段
优化前时段	8:00—11:00 15:00—22:00	7:00—8:00 11:00—15:00 22:00—23:00	23:00—7:00
优化后时段	10:00—14:00 18:00—23:00	8:00—10:00 14:00—18:00 23:00—1:00	1:00—8:00

由表 4-9 可以看出，凌晨为新能源出力峰期，对春季典型日进行优化后，将谷时段划分在凌晨能最大化消纳新能源。表 4-10 给出了春季典型日新能源消纳、负荷曲线峰谷差及用电费用在用户响应前后的对比结果，春季典型日优化前后负荷曲线如图 4-16 所示。

表 4-10　春季典型日新能源消纳、负荷曲线峰谷差及用电费用在用户响应前后的对比

	新能源消纳	用电费用/万元	负荷曲线峰谷差/MW
响应前	86.19%	22338.98	4766.65
响应后	88.69%（+2.5%）	21825.18（−2.3%）	4251.35（−10.81%）

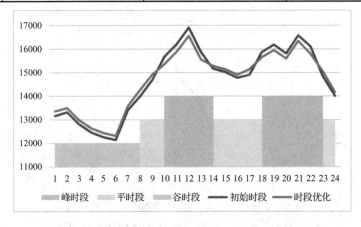

图 4-16　春季典型日优化前后负荷曲线（单位为 MW）

由图 4-16 和表 4-10 可以看出，用户对优化后的春季典型日峰谷平时段进行响应后，负荷曲线峰谷差减少了 10.81%，表示所用的用户响应模型在对时段

进行优化后起到了缓解调峰压力的作用。从提升新能源消纳的角度而言，新能源消纳占比从 86.19%上升至 88.69%，提升了约 2.5 个百分点，有效提升了新能源消纳量。从减少用户用电费用角度而言，用户的用电费用从 22338.98 万元减少至 21825.18 万元，减少了 2.30%，有效降低了用户总用电费用，提升了用户满意度。

夏季典型日时段优化结果是，峰时段为 12:00—15:00 和 18:00—24:00，平时段为 8:00—12:00 和 15:00—18:00，谷时段为 24:00—8:00。夏季典型日时段优化前后对比如表 4-11 所示。

表 4-11　夏季典型日时段优化前后对比

	峰　时　段	平　时　段	谷　时　段
优化前时段	8:00—11:00 15:00—22:00	7:00—8:00 11:00—15:00 22:00—23:00	23:00—7:00
优化后时段	12:00—15:00 18:00—24:00	8:00—12:00 15:00—18:00	24:00—8:00

表 4-12 给出了夏季典型日新能源消纳、负荷曲线峰谷差及用电费用在用户响应前后的对比结果，图 4-17 给出了夏季典型日优化前后负荷曲线。

表 4-12　夏季典型日新能源消纳、负荷曲线峰谷差及用电费用对比

	新能源消纳	用电费用/万元	负荷曲线峰谷差/MW
响应前	86.19%	31541.7	7372.48
响应后	89.13%（+2.94%）	30772.1（−2.44%）	6328.18（−14.16%）

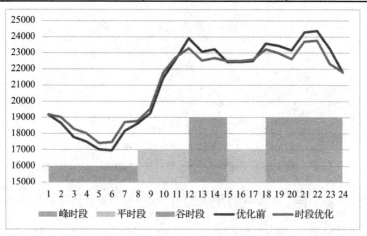

图 4-17　夏季典型日优化前后负荷曲线（单位为 MW）

秋季典型日时段优化结果是，峰时段为 10:00—13:00 和 18:00—22:00，平时段为 8:00—10:00、13:00—18:00 和 22:00—1:00，谷时段为 1:00—8:00。秋季典型日时段优化前后对比如表 4-13 所示。

表 4-13 秋季典型日时段优化前后对比

	峰 时 段	平 时 段	谷 时 段
优化前时段	8:00—11:00 15:00—22:00	7:00—8:00 11:00—15:00 22:00—23:00	23:00—7:00
优化后时段	10:00—13:00 18:00—22:00	8:00—10:00 13:00—18:00 22:00—1:00	1:00—8:00

表 4-14 给出了秋季典型日新能源消纳、负荷曲线峰谷差及用电费用在用户响应前后的对比结果，图 4-18 给出了秋季典型日优化前后负荷曲线。

表 4-14 秋季典型日新能源消纳、负荷曲线峰谷差及用电费用在用户响应前后的对比

	新能源消纳	用电费用/万元	负荷曲线峰谷差/MW
响应前	86.19%	25570.18	6922.31
响应后	88.89%（+2.7%）	24956.49（-2.4%）	6334.09（-8.49%）

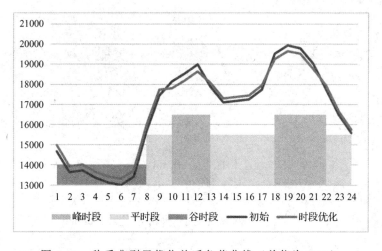

图 4-18 秋季典型日优化前后负荷曲线（单位为 MW）

冬季典型日时段优化结果是，峰时段为 10:00—14:00 和 17:00—22:00，平时段为 14:00—17:00 和 22:00—3:00，谷时段为 3:00—10:00。冬季典型日时段优化前后对比如表 4-15 所示。

表 4-15　冬季典型日时段优化前后对比

	峰　时　段	平　时　段	谷　时　段
优化前时段	8:00—11:00 15:00—22:00	7:00—8:00 11:00—15:00 22:00—23:00	23:00—7:00
优化后时段	10:00—14:00 17:00—22:00	14:00—17:00 22:00—3:00	3:00—10:00

表 4-16 给出了冬季典型日优化前后新能源消纳、负荷曲线峰谷差及用电费用在用户响应前后的对比结果，图 4-19 给出了冬季典型日优化前后负荷曲线。

表 4-16　冬季典型日新能源消纳、负荷曲线峰谷差及用电费用在用户响应前后的对比

	新能源消纳	用电费用（万元）	负荷曲线峰谷差/MW
响应前	86.19%	34077.226	13412.79
响应后	88.99%（+2.80%）	33020.83（−3.1%）	12310.96（−8.22%）

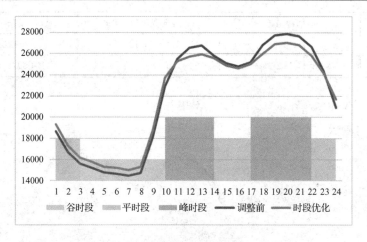

图 4-19　冬季典型日优化前后负荷曲线（单位为 MW）

基于 4.2.3 节介绍的初始数据、调度策略及优化的仿真流程，下面将对湖南省电网各季度典型日负荷进行组合优化，所得优化结果如下。

春季典型日的组合优化结果和时段优化结果相同，如表 4-17 所示，峰时段为 10:00—14:00、18:00—23:00，平时段为 8:00—10:00、14:00—18:00 和 23:00—1:00，谷时段为 1:00—8:00。

表 4-17　春季典型日时段优化与组合优化的峰谷平时段对比及电价调整前后对比

	峰　时　段	平　时　段	谷　时　段
优化前时段	8:00—11:00 15:00—22:00	7:00—8:00 11:00—15:00 22:00—23:00	23:00—7:00
优化后时段 （仅优化时段）	10:00—14:00 18:00—23:00	8:00—10:00 14:00—18:00 23:00—1:00	1:00—8:00
优化后时段 （组合优化）	10:00—14:00 18:00—23:00	8:00—10:00 14:00—18:00 23:00—1:00	1:00—8:00
调整前电价	0.7647	0.6147	0.4147
调整后电价	0.9023	0.5863	0.2256

表 4-18 给出了春季典型日优化前后新能源消纳、负荷曲线峰谷差及用电费用对比结果，图 4-20 给出了春季典型日时段优化和组合优化前后负荷曲线。

表 4-18　春季典型日优化前后新能源消纳、负荷曲线峰谷差及用电费用对比

	新能源消纳	用电费用/万元	负荷曲线峰谷差/MW
优化前	86.19%	22338.98	4766.65
时段优化	88.69%（+2.5%）	21825.18（−2.3%）	4251.35（−10.81%）
组合优化	92.19%（+6.0%）	21579.45（−3.4%）	3851.35（−19.21%）

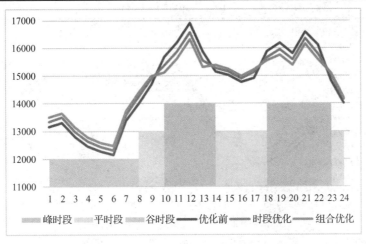

图 4-20　春季典型日时段优化和组合优化前后负荷曲线（单位为 MW）

夏季典型日的组合优化结果和时段优化结果相同，如表 4-19 所示。峰时段

为 12:00—15:00 和 18:00—24:00，平时段为 8:00—12:00 和 15:00—18:00，谷时段为 24:00—8:00。

表 4-19　夏季典型日时段优化与组合优化的峰谷平时段对比及电价调整前后对比

	峰 时 段	平 时 段	谷 时 段
优化前时段	8:00—11:00 15:00—22:00	7:00—8:00 11:00—15:00 22:00—23:00	23:00—7:00
优化后时段 （仅优化时段）	12:00—15:00 18:00—24:00	8:00—12:00 15:00—18:00	24:00—8:00
优化后时段 （组合优化）	12:00—15:00 18:00—24:00	8:00—12:00 15:00—18:00	24:00—8:00
调整前电价	0.7647	0.6147	0.4147
调整后电价	0.9443	0.5882	0.2319

表 4-20 给出了夏季典型日优化前后新能源消纳、负荷曲线峰谷差及用电费用对比结果，图 4-21 给出了夏季典型日时段优化和组合优化前后负荷曲线。

表 4-20　夏季典型日优化前后新能源消纳、负荷曲线峰谷差及用电费用对比

	新能源消纳	用电费用/万元	负荷曲线峰谷差/MW
优化前	86.19%	31541.7	7372.48
时段优化	89.13%（+2.94%）	30772.1（-2.44%）	6328.18（-14.16%）
组合优化	92.53%（+6.34）	30138.1（-4.45%）	5492.6（-25.50%）

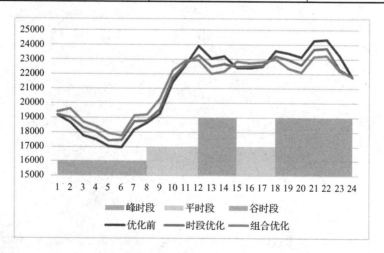

图 4-21　夏季典型日时段优化和组合优化前后负荷曲线（单位为 MW）

秋季典型日的组合优化结果和时段优化结果相同，如表 4-21 所示，峰时段

为 10:00—13:00、18:00—22:00，平时段为 8:00—10:00、13:00—18:00、22:00—1:00，谷时段为 1:00—8:00。

表 4-21　秋季典型日时段优化与组合优化的峰谷平时段对比及电价调整前后对比

	峰　时　段	平　时　段	谷　时　段
优化前时段	8:00—11:00 15:00—22:00	7:00—8:00 11:00—15:00 22:00—23:00	23:00—7:00
优化后时段 （仅优化时段）	10:00—13:00 18:00—22:00	8:00—10:00 13:00—18:00 22:00—1:00	1:00—8:00
优化后时段 （组合优化）	10:00—13:00 18:00—22:00	8:00—10:00 13:00—18:00 22:00—1:00	1:00—8:00
调整前电价	0.7647	0.6147	0.4147
调整后电价	0.9325	0.5955	0.2331

表 4-22 给出了秋季典型日优化前后新能源消纳、负荷曲线峰谷差及用电费用对比结果，图 4-22 给出了秋季典型日时段优化和组合优化前后负荷曲线。

表 4-22　秋季典型日优化前后新能源消纳、负荷曲线峰谷差及用电费用对比

	新能源消纳	用电费用/万元	负荷曲线峰谷差/MW
优化前	86.19%	25570.18	6922.31
时段优化	88.89%（+2.7%）	24956.49（−2.4%）	6334.09（−8.49%）
组合优化	92.99%（+6.8%）	24266.1（−5.1%）	5844.09（−15.57%）

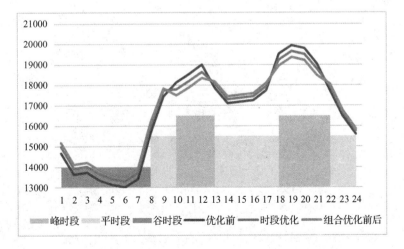

图 4-22　秋季典型日时段优化和组合优化负荷曲线（单位为 MW）

冬季典型日的组合优化结果和时段优化结果相同，如表 4-23 所示，峰时段为 10:00—14:00、17:00—22:00，平时段为 14:00—17:00、22:00—3:00，谷时段为 3:00—10:00。

表 4-23　冬季典型日时段优化与组合优化的峰谷平时段对比及电价调整前后

	峰　时　段	平　时　段	谷　时　段
优化前时段	8:00—11:00 15:00—22:00	7:00—8:00 11:00—15:00 22:00—23:00	23:00—7:00
优化后时段 （仅优化时段）	10:00—14:00 17:00—22:00	14:00—17:00 22:00—3:00	3:00—10:00
优化后时段 （组合优化）	10:00—14:00 17:00—22:00	14:00—17:00 22:00—3:00	3:00—10:00
调整前电价	0.7647	0.6147	0.4147
调整后电价	0.9695	0.5982	0.2323

表 4-24 给出了冬季典型日优化前后新能源消纳、负荷曲线峰谷差及用电费用对比结果，图 4-23 给出了冬季典型日时段优化和组合优化前后负荷曲线。

表 4-24　冬季典型日优化前后新能源消纳、负荷曲线峰谷差及用电费用对比

	新能源消纳	用电费用/万元	负荷曲线峰谷差/MW
优化前	86.19%	34077.22	13412.79
时段优化	88.99%（+2.80%）	33020.83（-3.1%）	12310.96（-8.22%）
组合优化	92.08%（+5.89%）	31725.89（-6.9%）	11350.27（-15.38%）

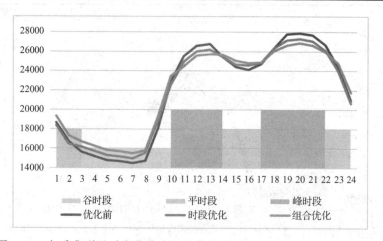

图 4-23　冬季典型日时段优化和组合优化前后负荷曲线（单位为 MW）

对 2025 年的数据进行分析。2025 年湖南省电网各季度新能源利用情况如图 4-24 所示，可以看出夏季新能源消纳量最高，达到 97.16%，冬季消纳量最低，达到 91.85%，为此，本书以冬季为例，分别分析峰谷分时电价政策以及配置储能对新能源消纳的影响。

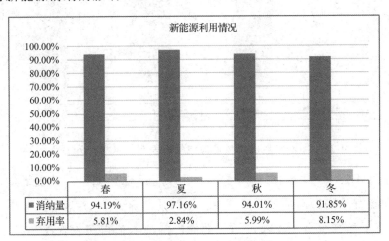

新能源利用情况	春	夏	秋	冬
■消纳量	94.19%	97.16%	94.01%	91.85%
弃用率	5.81%	2.84%	5.99%	8.15%

图 4-24　2025 年湖南省电网各季度新能源利用情况

本书基于峰谷分时电价激励政策，在加入储能前后对冬季电价政策进行优化。加入储能前后新能源消纳对比如图 4-25 所示，负荷曲线峰谷差对比如图 4-26 所示。

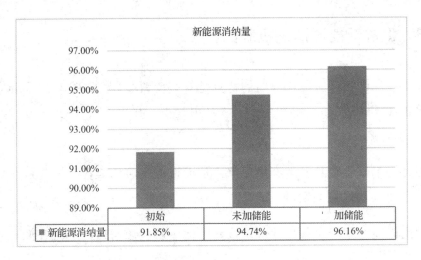

新能源消纳量	初始	未加储能	加储能
■新能源消纳量	91.85%	94.74%	96.16%

图 4-25　加入储能前后新能源消纳对比

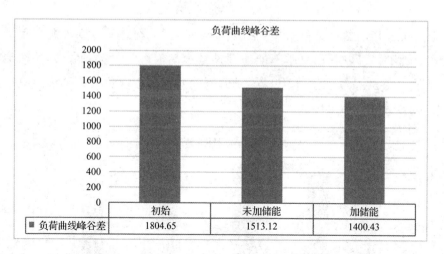

图 4-26   加入储能前后负荷曲线峰谷差对比（单位为万千瓦）

通过图 4-25 和图 4-26 可以看出，在不考虑储能加入的情况下，仅靠峰谷分时电价政策激励，新能源消纳量由 91.85%提升至 94.74%，负荷曲线峰谷差从 1805 万千瓦减少至 1513 万千瓦。而储能的加入使得在夜晚冬季风电大发时，所弃掉的风电仍然能够被消纳，新能源消纳率由之前的 94.74%提升到 96.16%，负荷曲线峰谷差从 1513 万千瓦降至 1400 万千瓦，储能的加入使得新能源消纳量得到进一步提升，负荷曲线峰谷差得到进一步优化，有效缓解了湖南省电网调峰压力。

4.2.6   促进新能源消纳机制的分析

风电在深度调峰时段最鲜明的特点是具有反调峰性，如图 4-27 所示。在用电高峰的 11—15 时，风电功率在一天之内最小；在用电低谷的 0—6 时，风电功率达到最大。

因此用电低谷容易发生弃风现象，从而造成资源的浪费，尤其是在负荷较低的冬季夜间和风电大发时段。

利用储能的削峰填谷特性可以很好地促进新能源消纳，从而改善电网的供电充裕度。

湖南省发展和改革委员会发布的《关于加快推动湖南省电化学储能发展的实施意见》提出，风电、集中式光伏发电项目应分别按照不低于装机规模的 15%、

5%配置储能容量。本节按照风电装机规模的 15%和光伏发电装机规模的 5%配置储能容量，研究了加入储能后对各个典型日新能源消纳情况的影响。

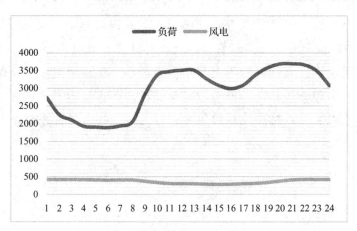

图 4-27　风电的反调峰特性（单位为万千瓦）

2025 年风电装机规模为 1200 万千瓦，光伏发电装机规模为 1500 万千瓦，所以储能容量分别为 180 万千瓦和 75 万千瓦。

4.3 多类型用户参与调峰策略及对比分析

4.3.1　多类型用户调峰责任评估

随着我国不断出台激励新能源发展的政策，湖南省风电、光伏发电装机规模迎来了爆发式的增长。但随着新能源的大规模并网，加之用户负荷需求的不断提升，电网的峰谷差逐渐扩大，调峰压力剧增。需求响应作为一种合理高效的调峰资源，能够有效提高用电效率、优化用电方式、降低电网调峰压力，已在全球得到了广泛实践与应用。然而，不同类型用户的用电行为及响应特性存在较大的差异，为研究多类型用户参与调峰的策略，首先应分析不同类型用户的用电特性及激励敏感性，然后在此基础上评估不同类型用户的调峰责任，以此来制定多类型用户参与调峰的激励措施。

4.3.1.1　不同类型用户的用电负荷特性及电力需求价格弹性分析

现阶段用户类型主要分为大工业用户、一般工商业用户、居民用户三类。

1）大工业用户

大工业是国家最大的电力消耗行业，这类用户数量相对较少，但用电需求大，电费支出一般占生产总成本的50%以上。其中，钢铁、建材等行业的负荷率高，负荷曲线波动小，设备运转周期长，对峰谷分时电价响应比较积极，谷、平时段负荷用电量较大，峰时段负荷用电量较小。当电价发生变化时，为了节约企业开支，一般会选择在电价较低时（如夜间）进行生产，因此负荷转移能力很大。从电力需求价格弹性系数角度进行分析，其自弹性系数 ε_{ii} 与互弹性系数 ε_{ij} 都较大。

2）一般工商业用户

一般工商业用户的种类丰富，包括大型商场、宾馆、餐饮、娱乐、洗浴、学校、写字楼、医院、办公楼等。这些用户的用电差异性不大，一部分原因在于改变用户用电方式的驱动力主要源于经济因素，另一部分原因在于一般工商业用户负荷种类较少，包括空调、照明、电梯、热水器、计算机等。其中，照明、电梯、热水器、计算机等设备对电价和激励的响应能力十分有限，中央储能空调是参与需求响应最重要的部分。从电力需求价格弹性系数角度进行分析，一般工商业用户对电价的响应敏感程度低于大工业用户，其自弹性系数 ε_{ii} 与互弹性系数 ε_{ij} 都较小。

3）居民用户

居民用户的数量较多，用电波动较大，有一定参与需求响应的潜力。居民用户的自弹性系数在峰时段较小，在谷时段（夜间）相对较大。当电价变化时，居民的用电行为会有所改变，但其改变程度不大，因此居民的互弹性系数 ε_{ij} 很小。

4.3.1.2 多类型用户调峰责任评估

目前，湖南省电网弃风、弃光现象严重，随着可再生能源装机规模的持续快速增长，新能源消纳已成为电力向着绿色低碳、灵活智能转型方向发展的主要瓶颈。为此，通过评估不同类型用户的调峰责任，可以为不同类型用户制定不同的峰谷分时电价引导机制，促使其改变用电行为来迎合新能源的出力特性，提升系统新能源的消纳能力，同时还可以兼顾到缓解电网在峰时段线路重载、在谷时段发电资源利用率低的问题。

本书主要从峰谷差率、负荷波动率以及负荷利用小时三个指标来评估不同类型用户的调峰责任。

1）峰谷差率

该指标用来反映用户用电负荷曲线特性，为负荷峰谷差与最大负荷之比，具体计算公式如下：

$$I_{pvd} = \frac{Q_{fg}}{Q_{max}} \qquad (4.26)$$

式中，I_{pvd} 为峰谷差率；Q_{fg} 为负荷峰谷差；Q_{max} 为最大负荷。

2）负荷波动率

负荷波动率的定义为：负荷有功功率的标准差 δ 与负荷有功功率的几何均值 β 之比。负荷有功功率的几何均值 β 反映了负荷有功功率的水平和集中程度，标准差 δ 反映了负荷有功功率的分散程度，而负荷在有功功率上的标准差 δ 与几何均值 β 之比则反映出负荷分散程度的相对大小，具体计算公式如下：

$$I_{wav} = \frac{\delta}{\beta} \qquad (4.27)$$

式中，I_{wav} 为负荷波动率；δ 为负荷有功功率的标准差；β 为负荷有功功率的几何均值。

3）负荷利用小时

负荷利用小时是指用户的用电量（用户负荷总量）与用户最大负荷之比，用来反映负荷曲线的平滑度，具体计算公式如下：

$$I_{luh} = \frac{Q_{total}}{Q_{max}} \qquad (4.28)$$

式中，I_{luh} 为负荷利用小时；Q_{total} 为用户负荷总量。

综合考虑以上因素，定义调峰责任函数 $I_{com} = (I_{pvd} + I_{wav})/I_{luh}$，即用户 I_{com} 越大，其调峰责任越大，其所应承受的峰谷价差越大。峰谷分时电价引导策略如

表 4-25 所示。

表 4-25　峰谷分时电价引导策略

责任级别	电　价		
	峰　时　段	平　时　段	谷　时　段
Ⅰ级	$p_f^1 + \mu_1$	p_p^2	$p_g^1 - \mu_2$
Ⅱ级	p_f^1	p_p^1	p_g^1

表 4-25 中，p_f^1 表示峰时段电价；p_p^1、p_p^2 表示平时段电价；p_g^1 表示峰平谷时段电价；μ_1、μ_2 为电价拉伸率，指电价基于当前值上升或下降的幅度。

4.3.2　促进新能源消纳的多类型用户峰谷平时段优化策略

4.3.2.1　峰谷平时段优化模型及求解

1）目标函数

在采用基于社会因素的用户响应模型来反映各类型用户需求响应过程时，在各类用户负荷需求、新能源消纳及出力数据已知的前提下，为了提升新能源的消纳量，同时有效激励不同类型用户积极参与需求响应，本书以系统新能源消纳提升量最大及各类型用户满意度最大为目标函数，具体公式如下：

$$f_3 = \max\left(\omega_1 \frac{\sum_{t=1}^{24} Q_{x,t} - \sum_{t=1}^{24} Q_{x_0,t}}{\sum_{t=1}^{24} Q_{c,t}} + \omega_2 \theta_1 + \omega_3 \theta_2 + \omega_4 \theta_3 \right) \tag{4.29}$$

$$\theta_1 = \frac{W_D}{W_{D_0}} = 1 - \frac{\sum_{t=1}^{24} Q_{D,t} \times p_t}{\sum_{t=1}^{24} Q_{D_0,t} \times p_t} \tag{4.30}$$

$$\theta_2 = \frac{W_G}{W_{G_0}} = 1 - \frac{\sum_{t=1}^{24} Q_{G,t} \times p_t}{\sum_{t=1}^{24} Q_{G_0,t} \times p_t} \tag{4.31}$$

$$\theta_3 = \frac{W_C}{W_{C_0}} = 1 - \frac{\sum\limits_{t=1}^{24} Q_{C,t} \times p_t}{\sum\limits_{t=1}^{24} Q_{C_0,t} \times p_t} \qquad (4.32)$$

式中，$Q_{x_0,t}$、$Q_{x,t}$ 分别为系统响应前后 t 时刻新能源的消纳；$Q_{c,t}$ 为 t 时刻新能源出力；$Q_{D_0,t}$、$Q_{D,t}$ 分别为响应前后 t 时刻大工业用户用电量；$Q_{G_0,t}$、$Q_{G,t}$ 分别为响应前后 t 时刻一般工商业用户用电量；$Q_{C,t}$、$Q_{C_0,t}$ 分别为响应前后 t 时刻居民用户用电量；p_t 为 t 时刻电价；ω_1、ω_2、ω_3、ω_4 为权值；θ_1 为大工业用户满意度；W_{D_0}、W_D 分别为响应前后大工业用户的用电费用；θ_2 为一般工商业用户满意度；W_{G_0}、W_G 分别为响应前后一般工商业用户的用电费用；W_{C_0}、W_C 分别为响应前后居民用户的用电费用。

2）约束条件

（1）时段约束：为避免用户侧调峰后出现峰谷倒置现象，规定峰谷平各时段总时长不低于 6 小时。

（2）新能源出力约束：各时刻的新能源消纳量不得超过该时刻的最大出力值，见式（4.18）。

（3）机组最小运行时间与最小停运时间约束见式（4.19）。

（4）火电机组爬坡约束见式（4.20）。

（5）最大响应能力约束：不同类型用户的需求响应能力不同，且用户的响应能力有限，即可转移的负荷需求量是有限的。

$$0 \leqslant \Delta Q_{D,t} \leqslant \mu_1 Q_{D_0,t} \qquad (4.33)$$

$$0 \leqslant \Delta Q_{G,t} \leqslant \mu_2 Q_{G_0,t} \qquad (4.34)$$

$$0 \leqslant \Delta Q_{C,t} \leqslant \mu_3 Q_{C_0,t} \qquad (4.35)$$

式中，$\Delta Q_{D,t}$、$\Delta Q_{G,t}$、$\Delta Q_{C,t}$ 分别表示大工业用户、一般工商业用户、居民用户在 t 时刻的负荷转移量；$Q_{D_0,t}$、$Q_{G_0,t}$、$Q_{C_0,t}$ 分别表示响应前大工业用户、一般工商业用户、居民用户在 t 时刻的负荷量；μ_1、μ_2、μ_3 为三类用户的转移系数。

4.3.2.2　案例分析

本书对湖南省电网的实际案例进行分析，其中大工业用户、一般工商业用户、居民用户的用电负荷数据如图 4-28、图 4-29、图 4-30 所示。从图中可以看出，大工业用户全日用电量较大，且用电高峰持续时期较长，高峰期用电负荷在 5300～5600 MW 之间；用电低谷在 20:00—23:00，用电负荷在 4600～4800 MW 之间。一般工商业用户则在下午及晚上为用电高峰期，用电量负荷在 3300～3500 MW 之间；用电低谷在 4:00—8:00，用电量负荷在 2800～2900 MW 之间。居民用户则 10:00—11:00 以及 19:00—22:00 为用电高峰，用电负荷在 5050～5150 MW 之间；用电低谷在 3:00—7:00，用电负荷在 4950～5000 MW 之间，呈现两峰两谷特性。

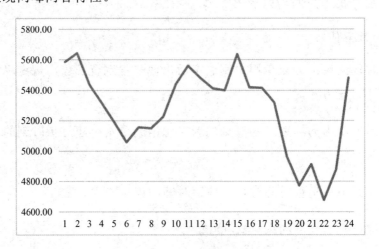

图 4-28　大工业用户用电负荷数据（单位为 MW）

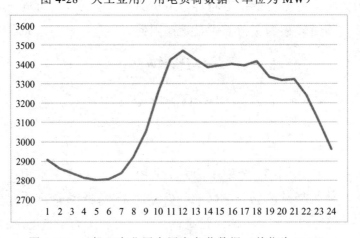

图 4-29　一般工商业用户用电负荷数据（单位为 MW）

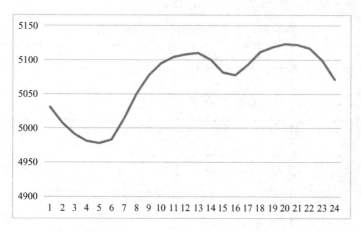

图 4-30　居民用户用电负荷数据（单位为 MW）

　　峰平谷时段划分数据、电价数据以及新能源相关数据已在第 2 章与第 3 章给出了，在仿真中，设置权重 ω_1、ω_2、ω_3、ω_4 分别为 0.4、0.2、0.2、0.2，用户响应度 μ_1 为 0.3。国网能源研究院发布的《"十四五"时期东中部电力平衡面临较大压力》报告明确指出：经过国网能源研究院初步测算，预计"十四五"时期全社会用电量增长率为 4%~5%，电力需求价格弹性系数小于 1，电力负荷峰谷差将持续加大。在此基础上，设定的各类用户的电力需求价格弹性系数如表 4-26 所示。

表 4-26　各类用户的电力需求价格弹性系数

用 户 类 型	自弹性系数			互弹性系数		
	峰时段	平时段	谷时段	峰-平时段	峰-谷时段	平-谷时段
大工业用户	-0.38	-0.38	-0.38	0.04	0.04	0.04
一般工商业用户	-0.18	-0.18	-0.18	0.02	0.02	0.02
居民用户	-0.14	-0.14	-0.22	0.02	0.04	0.02

　　基于湖南省电网的大工业用户、一般工商业用户和居民用户的负荷曲线，以及新能源消纳情况，建立基于电力需求价格弹性矩阵的多类型用户峰谷平时段优化模型，并采用粒子群算法对其进行优化求解，得到各类用户的峰谷平时段划分结果（见表 4-27），以及优化后的各类用户日负荷曲线（见图 4-31、图 4-32 和图 4-33）。

表 4-27　各类用户的峰谷平时段划分结果

	峰 时 段	平 时 段	谷 时 段
响应前	8:00—11:00 15:00—22:00	7:00—8:00 11:00—15:00 22:00—23:00	23:00—7:00
响应后 （大工业）	0:00—3:00 10:00—16:00	3:00—5:00 16:00—20:00	5:00—10:00 20:00—24:00
响应后 （一般工商业）	11:00—20:00	9:00—11:00 20:00—1:00	1:00—9:00
调整后 （居民）	11:00—14:00 18:00—23:00	9:00—11:00 14:00—18:00 23:00—1:00	1:00—9:00

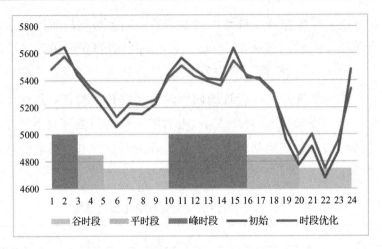

图 4-31　优化前后大工业用户用电日负荷曲线

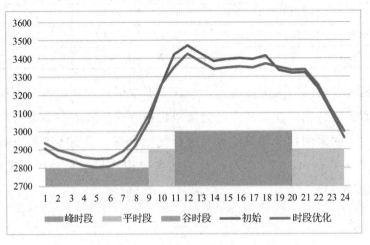

图 4-32　优化前后一般工商业用户用电日负荷曲线

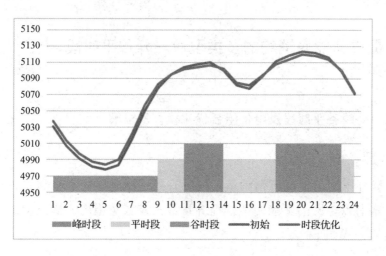

图 4-33　优化前后居民用户用电日负荷曲线

　　由图 4-31、图 4-32、图 4-33 和表 4-27 可以看出,当大工业用户、一般工商业用户与居民用户响应新的峰平谷时段后,电网峰谷差和负荷率得到明显改善,各类型用户的用电费用也得以减少,有效地激励了用户参与需求响应的积极性。各类用户响应新的峰平谷时段前后的峰谷差、用电费用和负荷率对比如表 4-28 所示。

表 4-28　各类用户响应新的峰平谷时段前后的峰谷差、用电费用及负荷率对比

	峰谷差/MW	用电费用/万元	负 荷 率
响应前（大工业用户）	965.65	7573.28	0.934
响应后（大工业用户）	824.46（−14.62%）	7361.23（−2.8%）	0.947
响应前（一般工商业用户）	667.85	4657.57	0.708
响应后（一般工商业用户）	627.85（−5.99%）	4569.08（−1.9%）	0.722
响应前（居民用户）	145.39	7290.61	0.794
响应后（居民用户）	135.36（−6.9%）	7195.83（−1.3%）	0.812

　　由此可知,大工业用户相较于一般工商业用户,其响应积极性更高,可转移的负荷量也更高,因此给电网带来的调峰效果也更明显,参与需求响应后的用电费用减少比例也更大。通过对不同用户实施不同的峰谷分时电价策略,能够更加合理、公平地激励具有不同潜力的用户参与需求响应。

4.3.3　促进新能源消纳的多类型用户峰谷平时段、电价组合优化策略

4.3.3.1　峰谷平时段及电价组合优化模型及求解

1）目标函数

为了提升电网的新能源消纳量，同时有效地激励不同类型用户积极参与需求响应，本书以电网的新能源消纳提升量最大及各类型用户满意度最大为目标函数，具体公式如下：

$$f_3 = \max\left(\omega_1 \frac{\sum_{t=1}^{24} Q_{x,t} - \sum_{t=1}^{24} Q_{x_0,t}}{\sum_{t=1}^{24} Q_{c,t}} + \omega_2 \theta_1 + \omega_3 \theta_2 + \omega_4 \theta_3 \right) \tag{4.36}$$

$$\theta_1 = \frac{W_D}{W_{D_0}} = 1 - \frac{\sum_{t=1}^{24} Q_{D,t} \times p_t}{\sum_{t=1}^{24} Q_{D_0,t} \times p_t} \tag{4.37}$$

$$\theta_2 = \frac{W_G}{W_{G_0}} = 1 - \frac{\sum_{t=1}^{24} Q_{G,t} \times p_t}{\sum_{t=1}^{24} Q_{G_0,t} \times p_t} \tag{4.38}$$

$$\theta_3 = \frac{W_C}{W_{C_0}} = 1 - \frac{\sum_{t=1}^{24} Q_{C,t} \times p_t}{\sum_{t=1}^{24} Q_{C_0,t} \times p_t} \tag{4.39}$$

式中，$Q_{x_0,t}$、$Q_{x,t}$ 分别为系统响应前后 t 时刻新能源的消纳；$Q_{c,t}$ 为 t 时刻新能源出力；$Q_{D_0,t}$、$Q_{D,t}$ 分别为响应前后 t 时刻大工业用户用电量；$Q_{G_0,t}$、$Q_{G,t}$ 分别为响应前后 t 时刻一般工商业用户用电量；$Q_{C_0,t}$、$Q_{C,t}$ 分别为响应前后 t 时刻居民用户用电量；p_t 为 t 时刻电价；ω_1、ω_2、ω_3、ω_4 为权值；θ_1 为大工业用户满意度；W_{D_0}、W_D 分别为响应前后大工业用户的用电费用；θ_2 为一般工商业用户满意度；W_{G_0}、W_G 分别为响应前后一般工商业用户的用电费用；W_{C_0}、W_C 分别

为响应前后居民用户的用电费用。

2）约束条件

（1）时段约束：为避免用户侧调峰后出现峰谷倒置现象，规定峰谷平各时段总时长不低于 6 小时。

（2）新能源出力约束：各时刻的新能源消纳量不得超过该时刻的最大出力值，见式（4.18）。

（3）机组最小运行时间与最小停运时间约束见式（4.19）。

（4）火电机组爬坡约束见式（4.20）。

（5）最大响应能力约束：不同类型用户需求响应能力不同，且用户的响应能力有限，即可转移的负荷需求量是有限的。

$$0 \leqslant \Delta Q_{\mathrm{D},t} \leqslant \mu_1 Q_{\mathrm{D}_0,t} \tag{4.40}$$

$$0 \leqslant \Delta Q_{\mathrm{G},t} \leqslant \mu_2 Q_{\mathrm{G}_0,t} \tag{4.41}$$

式中，$\Delta Q_{\mathrm{D},t}$、$\Delta Q_{\mathrm{G},t}$ 分别表示大工业用户和一般工商业用户在 t 时刻的负荷转移量；$Q_{\mathrm{D},t}$、$Q_{\mathrm{G},t}$ 分别表示响应前大工业用户和一般工商业用户在 t 时刻的负荷量；μ_1、μ_2 为转移系数。

（6）电价约束：为进一步缓解电网调峰压力，以及满足国家发展改革委《关于进一步完善分时电价机制的通知》中所述规定峰谷电价价差原则上不低于4 : 1 要求，对电价进行以下约束。

$$\begin{aligned} p_{\mathrm{Df}} > p_{\mathrm{Dp}} > p_{\mathrm{Dg}} \\ p_{\mathrm{Df}}/p_{\mathrm{Dg}} = \lambda \end{aligned} \tag{4.42}$$

$$\begin{aligned} p_{\mathrm{Gf}} > p_{\mathrm{Gp}} > p_{\mathrm{Gg}} \\ p_{\mathrm{Gf}}/p_{\mathrm{Gg}} = \lambda \end{aligned} \tag{4.43}$$

$$\begin{aligned} p_{\mathrm{Cf}} > p_{\mathrm{Cp}} > p_{\mathrm{Cg}} \\ p_{\mathrm{Cf}}/p_{\mathrm{Cg}} = \lambda \end{aligned} \tag{4.44}$$

式中，P_{Df}、P_{Gf}、p_{Cf}、P_{Dp}、P_{Gp}、p_{Cp}、P_{Dg}、P_{Gg}、p_{Cg} 分别代表响应后大工

业用户、一般工商业用户和居民用户的峰、平、谷时段电价；λ 为限定峰-谷时段电价比设定的常数，一般取 4～6。

4.3.3.2　案例分析

为制定公平、合理的峰谷分时电价策略，首先应评估大工业用户、一般工商业用户、居民用户的调峰责任大小。基于湖南省电网大工业用户、一般工商业用户、居民用户的负荷数据，根据 4.3.1 节提出的多类型用户调峰责任评估方法，由峰谷差率、负荷波动率及负荷利用小时三个指标经过归一化处理后，得出各类型用户的调峰责任大小。各类用户的指标数据如表 4-29 所示。

表 4-29　各类用户的指标数据

用 户 类 型	峰谷差率	负荷波动率	负荷利用小时	调峰责任函数值
大工业用户	0.31	0.19	1	0.5
一般工商业用户	1	1	0.76	2.62
居民用户	0.89	0.73	0.86	1.88

由表 4-29 可以看出，由于一般工商业用户的峰谷差率、负荷波动率相较于大工业用户和居民用户更大，且负荷利用小时更小，因此给电网所造成的调峰压力也相对更大，电网所需支出的调峰成本更多。为公平、合理地制定激励措施，有效激励多类型用户参与需求响应的积极性，一般工商业用户相对于其他用户而言，所应承担的峰谷价差更大。基于湖南省电网的相关数据，利用粒子群算法进行优化求解，可得到优化后各类用户的峰谷平时段及电价数据，如表 4-30 所示。

表 4-30　各类用户组合优化前后峰谷平时段及电价数据

优化前后及电价	峰　时　段	平　时　段	谷　时　段
优化前	8:00—11:00 15:00—19:0	7:00—8:00 11:00—15:00 22:00—23:00	23:00—7:00
优化后 （大工业用户）	0:00—3:00 10:00—16:00	3:00—5:00 16:00—20:00	5:00—10:00 20:00—24:00
优化后 （一般工商业用户）	11:00—20:00	9:00—11:00 20:00—1:00	1:00—9:00
优化后 （居民用户）	11:00—14:00 18:00—23:00	9:00—11:00 14:00—18:00 23:00—1:00	1:00—9:00

续表

优化前后及电价	峰　时　段	平　时　段	谷　时　段
初始电价	0.7647	0.6147	0.4147
响应后电价 （大工业用户）	0.8901	0.6059	0.2219
响应后电价 （一般工商业用户）	0.9521	0.5943	0.2020
响应后电价 （居民用户）	0.9203	0.5966	0.2201

各类用户响应新的峰谷平时段及电价后的用电负荷曲线及优化结果如图 4-34、图 4-35、图 4-36 所示，各类用户优化前后的用电负荷曲线峰谷差、用电费用及负荷率的对比如表 4-31 所示。

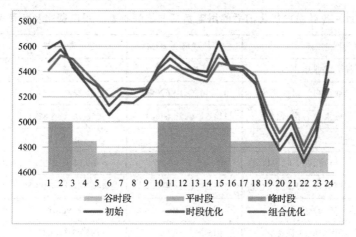

图 4-34　大工业用户的用电负荷曲线及优化结果（单位为 MW）

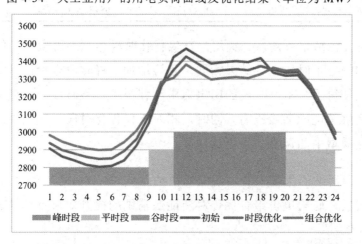

图 4-35　一般工商业用户的用电负荷曲线及优化结果（单位为 MW）

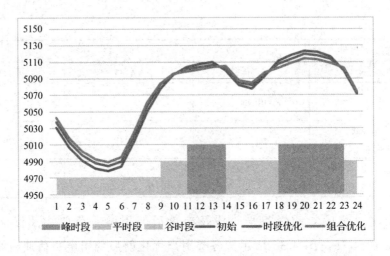

图 4-36　居民用户的用电负荷曲线及优化结果（单位为 MW）

表 4-31　各类用户优化前后的用电负荷曲线峰谷差、用电费用及负荷率对比

优 化 前 后	负荷曲线峰谷差/MW	用电费用/万元	负 荷 率
优化前（大工业用户）	965.65	7573.28	0.934
优化后（大工业用户）时段优化	824.46（−14.62%）	7361.23（−2.8%）	0.947
优化后（大工业用户）组合优化	714.51（−26.01%）	7058.29（−6.8%）	0957
优化前（一般工商业用户）	667.85	4657.57	0.708
优化后（一般工商业用户）时段优化	627.85（−5.99%）	4569.08（−1.9%）	0.722
优化后（一般工商业用户）组合优化	571.29（−14.46%）	4466.61（−4.1%）	0.744
优化前（居民用户）	145.39	7290.61	0.794
优化后（居民用户）时段优化	135.36（−6.9%）	7195.83（−1.3%）	0.812
优化后（居民用户）组合优化	125.36（−13.77%）	6998.99（−4.0%）	0.832

　　由上述优化结果可知，三类用户在仅优化时段模型与时段电价组合优化模型中所得的峰谷平时段划分结果相同，且皆增加了峰时段电价，减少了平、谷时段电价，使得用户将峰时段的用电需求转移至平、谷时段，达到了削峰填谷的目的，缓解了电网调峰压力。同时，相对于仅优化时段，三类用户在时段电价组合优化模型中的调峰效果更加明显。

　　从新能源消纳的角度来看，新能源消纳量从 86.18%提升至 91.85%，相较于仅优化时段，时段电价组合优化对新能源消纳的提升效果更加显著。

4.4　多类型用户参与调峰的综合评价方法

4.4.1　多类型用户调峰机制的评价指标体系

合理建立评价指标体系，要求指标遵循科学性、可比性、系统性以及实用性原则。目前关于需求响应效果的评价指标体系很少，若要使建立机制长期有效，就必然需要一套完整的需求响应度评价指标体系。

4.4.1.1　评价指标体系的构建原则

利用 SMART 原则，即特定性原则（Specific）、可测量性原则（Measurable）、易得到性原则（Attainable）、相关性原则（Relevant）、可跟踪性原则（Trackable）构建评价指标体系。

1）特定性原则

评价指标体系的构建是为了反映特定评价对象的本质、特征、结构和要素，这里的用户需求响应度评价指标体系应当针对其特殊性选取指标，应当是与电力活动相关的特定指标。

2）可测量性原则

由于评价指标具有不同的量纲，在进行综合评价时应当保证这些指标具有统一的评价标准。定量指标是易测量的；定性指标可通过构建相同的评价标准，从而转化为定量指标，同样可以进行测量。

3）易得到性原则

评价指标体系构建的目的是用来对特定评价对象进行评价分析，评价结果对指标数据基础的依赖性极强，在设计评价指标体系时应当考虑指标数据的易得到性，这样才有进一步分析的价值，所以在设计评价指标体系时应考虑各项指标的易得到性。

4）相关性原则

评价指标体系的构建不是所有指标堆砌而成的，而是由一组相互之间具有某种联系的指标所构成的。评价指标体系的构建应当考虑各项电力相关指标间的互补性，全方面提取评价指标。

5）可跟踪性原则

评价指标体系的构建目的是对多类用户进行需求响应度排序，为政策制定者提供政策实施建议，通过实际的政策实施效果对构建的指标体系进行后评价。因此，在设计评价指标体系时，应当考虑相应评价指标是否便于跟踪监测和控制。

4.4.1.2　评价指标体系的构建

本节主要从用户参与调峰能力、促进新能源消纳能力、经济性、舒适性等方面考虑，构建用户需求响应度评价指标体系，量化用户调峰任务完成情况，分析用户的响应参与情况，评估用户响应参与调峰市场的综合实力，为进一步优化调峰决策市场，提高用户响应积极性提供数据支撑。用户需求响应度评价指标体系如图 4-37 所示。

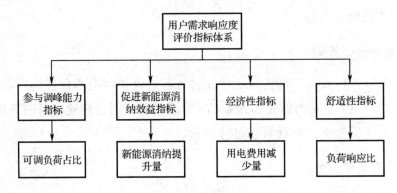

图 4-37　用户需求响应度评价指标体系

1）促进新能源消纳效益指标

促进新能源消纳效益指标主要是新能源消纳提升量，指响应前后新能源消纳的提升量，计算公式为：

$$Q_1 = \frac{Q_x}{Q_{x_0}} \tag{4.45}$$

式中，Q_{x_0}、Q_x 分别为响应前后的新能源消纳量。

2）参与调峰能力指标

参与调峰能力指标主要是可调负荷占比。可调负荷占比是指在每日正常生活生产中，可以调整用电时间但不影响生活生产的负荷部分在每日总负荷中的比重，该指标主要由用户类型决定，定义为某类用户参与调峰时最大可调节负荷在其总负荷中的占比，计算公式为：

$$Q_2 = \frac{P_{max}}{P_{total}} \tag{4.46}$$

式中，P_{max} 为最大可调节负荷；P_{total} 为总负荷。

3）经济性指标

经济性指标主要是用电费用减少量，指用户参与调峰前后用电费用的变化情况，定义为用户参与调峰后与参与前总用电费用比值，计算公式为：

$$Q_4 = \frac{W}{W_0} \tag{4.47}$$

4）舒适性指标

舒适性指标主要是负荷响应比，它能反映用户参与响应的意愿，也能体现政策的好坏，主要由用户类型与相关政策共同决定。该指标的定义为某类型用户实际调节负荷在总负荷中的占比，计算公式为：

$$Q_3 = \frac{P_{actual}}{P_{total}} \tag{4.48}$$

式中，P_{actual} 为实际调节负荷。

4.4.2　基于动态激励法的用户调峰机制评价模型

4.4.2.1　评价指标体系权重的确定方法

1）熵权法（Entropy 法）

熵权法的核心思想是通过计算信号 x_{ij}^* 包含信息量的多少来得到各项权重信息。在信息论中，熵称为平均信息量，是对信息不确定性的一种度量。熵与信息量的大小存在反向变动的关系，与不确定性存在同向变动的关系。随着不确定性变大，信息量将增大，熵也随之变小；随着不确定性变小，信息量减小，熵也随之变大。因此，可将熵的这个特性应用于评价活动中以衡量权重 g_m 的离散程度对最终结论的影响，即在信息矩阵中，第 j 项评价指标 G_j 下 x_{ij}^* 的差异越大（评价指标 G_j 包含、传递的信息量越多），则评价指标 G_j 对综合评价系统的作用效果就越强。熵权法的优点在于完全从数据本身的离散程度来定义其数据的价值和权重，该方法相对客观。

根据信息论的相关定义可知，第 i 个信号在某个信息通道中蕴含的信息量 I_i 等于 $-\ln p_i$，p_i 代表信号 i 的出现概率。因此，对于给定的 j，n 个信号的出现概率分别为 $p_{1j}, p_{2j}, \cdots, p_{nj}$，则 n 个信号的熵为 $\sum_{i=1}^{n} x_{ij}^*$。

熵值法的具体运算过程如下（假定 $x_{ij}^* > 0$ 且 $\sum_{i=1}^{n} x_{ij}^* > 0$）：

（1）计算 O_i（$i=1,2,\cdots,n$）算在第 j（$j=1,2,\cdots,m$）项指标 G_j 下的特征比重。

（2）计算第 j（$j=1,2,\cdots,m$）项指标 G_j 的熵值。

$$p_{ij} = \frac{x_{ij}^*}{\sum_{i=1}^{n} x_{ij}^*} \tag{4.49}$$

$$e_j = -k \sum_{i=1}^{n} p_{ij} \ln(p_{ij}) \tag{4.50}$$

式中，$k>0$。

对于给定的 j，x_{ij}^{*} 的差异越大，其对应的熵值 e_j 也越大，此时 G_j 对评价结论的影响越显著；x_{ij}^{*} 的差异越小，其对应的熵值 e_j 也越小，此时 G_j 对评价结论的影响越不显著。在极端情况下，当 $x_{1j}^{*}=x_{2j}^{*}=\cdots=x_{nj}^{*}$ 时，$e_j=1$（$k=\dfrac{1}{\ln n}$），此时评价指标 G_j 对综合评价结论的影响为 0。

（a）计算评价指标 G_j（$j=1,2,\cdots,m$）的差异系数。

$$g_j = 1 - e_j \tag{4.51}$$

式中，g_j 越大，表明评价指标 G_j（$j=1,2,\cdots,m$）越应该得到重视。

（b）运用归一法，计算权重数值。

$$w_j = \frac{g_j}{\sum\limits_{i=1}^{n} g_j} \tag{4.52}$$

2）映射权重判定算法

熵权法是一种纯粹依据各指标观测值所提供信息量大小来确定指标权重的方法，是一种相对客观、理想的权重计算方法。将熵权法运用于动态综合评价过程中需要进行一定的改进，这是由于传统的熵权法在对指标权重进行计算时，通常仅利用单一时点下的指标观测值，而不考虑各观测值在时序上的波动情况（通常，指标观测值的波动往往会导致权重的波动）；同时，改进的算法在对权重波动与指标值波动关系的处理上应保持算法逻辑上的一致性。因此，本书探讨了一种通过映射思想确定权重的处理方法，即映射权重判定算法。

定义 1：假设 $x_{ij}^{*}>0$ 且 $\sum\limits_{i=1}^{n} x_{ij}^{*}>0$，设经熵权法可判定 t_k 时刻指标权重信息为 $w(t_k)=[w_1(t_k),w_2(t_k),\cdots,w_m(t_k)]^{\mathrm{T}}$，$k=1,2,\cdots,T$。

定义 2：分别称 $\eta_j^{\max}$、$\eta_j^{\min}$、$\bar{\eta}_j$ 为评价指标 G_j（$j=1,2,\cdots,m$）在 t_k 时刻相对于 t_{k-1} 时刻的权重信息的最大波动、最小波动及平均波动，其计算公式如下：

$$
\begin{cases}
\eta_j^{\max\limits_{j}\left(\frac{1}{t-1}\sum\limits_{k=1}^{t-1}[w_j(t_{k+1})-w_j(t_k)]\right)} \\[4mm]
\eta_j^{\min\limits_{j}\left(\frac{1}{t-1}\sum\limits_{k=1}^{t-1}[w_j(t_{k+1})-w_j(t_k)]\right)} \\[4mm]
\bar{\eta}_j = \frac{1}{n(t-1)}\left(\sum\limits_{i=1}^{n}\sum\limits_{k=1}^{t-1}[w_j(t_{k+1})-w_j(t_k)]\right)
\end{cases}
\tag{4.53}
$$

通过定义 2 的计算，评价者可以了解在 T 时段内，权重信息在评价指标 G_j（$j=1,2,\cdots,m$）下的波动情况；这种波动情况正是由于 T 时段 x_{ij} 的变化而导致的。因此，在考虑 $x_{ij}(t_k)$ 变化情况时，不应该忽略随之波动的权重信息，故给出了如下定义。

定义 3：称 $w_j^*(t_k)$ 为评价指标 G_j（$j=1,2,\cdots,m$）在 t_k 时刻的区间型指标权重，$w_j^*(t_k)=[w_j^L(t_k),w_j^U(t_k)]$，$w_j^L(t_k)=w_j(t_k)+\eta_j^-$，$w_j^U(t_k)=w_j(t_k)+\eta_j^+$。

$$
\begin{cases}
\eta_j^+ = w_j(t_k) + \beta^+ \eta_j^{\overset{\max}{\bar{\eta}_j}} \\[3mm]
\eta_j^- = w_j(t_k) - \beta^- (\bar{\eta}_j - \eta_j^{\min})
\end{cases}
\tag{4.54}
$$

式中，β^+ 和 β^- 为浮游系数，β^+、$\beta^- \in[0,1]$；$w_j^L(t_k)\geq 0$，$w_j^U(t_k)\geq 0$，$\sum\limits_{j=1}^{m}w_j^L(t_k)\leq 1$，$\sum\limits_{j=1}^{m}w_j^U(t_k)\geq 1$，$j=1,2,\cdots,m$，$k=1,2,\cdots,T$。

通常，评价者对评价指标权重的波动幅度有一定的心理预期，该心理预期可以通过浮游系数 β^+、β^- 来实现。浮游系数可由熟悉该问题的专家根据各自相关偏好确定。

4.4.2.2　动态激励的综合评价模型

由于用户在参与调峰时会受到许多影响，所以各个评价值的变化会在某种程度上反映用户参与程度及参与后的结果变化，这说明其变化情况在时间轴上并不是完全离散的。传统方法仅利用固定时点的评价指标值有一定局限性，因此引入"加速"思想来反映不同时刻评价指标的变化趋势与幅度，从动态的角度加以分析，可以更客观、更真实地反映出负荷侧参与调峰的情况。

同时，从引导和发展的角度来考虑，有必要在负荷侧参与调峰活动中引入奖赏、惩罚的管理思想。目前相关研究大多是对综合评价值进行直接性的优劣激励［正激励（奖赏）和负激励（惩罚）］，这种评价方式需要进行一定的拓展与补充，即针对被评价对象"优点"进行奖赏，对其"缺点"进行惩罚。因此，本书提出了允许负荷侧参与调峰按照各自的优缺点进行奖惩的设计思想。

定义 4：

$$a_{ij}(t_{k-1}) = \frac{\left(\dfrac{x_{ij}(t_k) - x_{ij}(t_{k-1})}{x_{ij}(t_{k-1})}\right)}{(t_k - t_{k-1})} \qquad (4.55)$$

式中，$a_{ij}(t_{k-1})$ 为在 t_{k-1} 时刻、评价指标 G_j 下，由外因的变化给被评价对象 O_i 的评价指标值 $x_{ij}(t_{k-1})$ 提供的加速度，$x_{ij}(t_{k-1}) \neq 0$，$i=1,2,\cdots,n$，$j=1,2,\cdots,m$，$k=2,3,\cdots,T$。

根据定义 4 不难看出，加速度 $a_{ij}(t_{k-1})$ 的大小与方向与 x_{ij} 波动幅度有直接的联系。

定义 5：称 T 时段内，第 j 项评价指标 G_j 下所有 $a_{ij}(t_{k-1})$ 的均值 $\overline{a_{ij}(t_{k-1})}$ 的计算公式为：

$$\overline{a_{ij}(t_{k-1})} = \frac{1}{n(t-1)} \sum_{i=1}^{n} \sum_{k=1}^{t-1} a_{ij}(t_{k-1}) \qquad (4.56)$$

$\overline{a_{ij}(t_{k-1})}$ 表示在 T 时段内，第 j 项评价指标 G_j 下所有被评价对象加速度的平均水平。

对于利用激励思想的负荷侧参与调峰而言，如何界定负荷侧参与调峰何时该受到奖赏、何时该受到惩罚是极为重要的。$\overline{a_{ij}(t_{k-1})}$ 的确定恰恰给解决该问题提供一个非常好的切入点：利用第 j 项评价指标 G_j 下 $a_{ij}(t_{k-1})$ 与 $\overline{a_{ij}(t_{k-1})}$ 的关系可以构建一个算法，用于判定应受到何种激励（正激励或负激励）或因发展适中而不需要激励。

定义 6：a_{ij}^{*} 为加速度指数，表示在 T 时段内原评价指标值标准差的超额加速度收益，即：

$$a_{ij}^* = \frac{\overline{a}_{ij} - \overline{a}_j}{\sigma_{ij}} \tag{4.57}$$

式中，

$$\overline{a}_{ij} = \frac{1}{t-1}\sum_{k=1}^{t-1} a_{ij}(t_k) \tag{4.58}$$

$$\overline{a}_j = \frac{1}{n(t-1)}\sum_{i=1}^{n}\sum_{k=1}^{t-1} a_{ij}(t_k) \tag{4.59}$$

σ_{ij} 为原评价指标值 x_{ij}^* 在 T 时段内的标准差。

定义 7：κ_j^+、κ_j^- 为 t_k 时刻，评价指标 G_j 下 $x_{ij}^*(t_k)$ 的优劣增益幅度，计算公式为：

$$\begin{cases} \kappa_j^+(t_k) = a_{ij}^*(t_{k-1}) + \left| \max_j \overline{a_{ij}(t_k)} - a_{ij}^*(t_{k-1}) \right| h^+ \\ \kappa_j^-(t_k) = a_{ij}^*(t_{k-1}) - \left| \min_j a_{ij}^*(t_{k-1}) - \overline{a_{ij}(t_k)} \right| h^- \end{cases} \tag{4.60}$$

式中，$\overline{a_{ij}(t_k)} = \dfrac{1}{t-1}\sum_{k=1}^{t-1} a_{ij}(t_k)$；$h^+$、$h^-$ 为浮游系数（浮游系数可由熟悉该问题的专家根据各自相关偏好来确定），$i=1,2,\cdots,n$，$j=1,2,\cdots,m$，$k=2,3,\cdots,T$。

定义 8：$x_{ij}^+(t_k)$、$x_{ij}^-(t_k)$ 分别表示 t_{k-1} 时刻被评价对象 O_i 在评价指标 G_j 下 $x_{ij}^*(t_{k-1})$ 的正/负激励点，$e^+(t_k)$、$e^-(t_k)$ 分别表示 t_k 时刻被评价对象 O_i 在评价指标 G_j 下 $x_{ij}^*(t_k)$ 获得的正/负激励量，计算公式如下。

$$x_{ij}^+(t_k) = (1+\kappa_j^+) \times x_{ij}^*(t_{k-1}) \tag{4.61}$$

$$x_{ij}^-(t_k) = (1+\kappa_j^-) \times x_{ij}^*(t_{k-1}) \tag{4.62}$$

$$e_{ij}^+(t_k) = \begin{cases} x_{ij}(t_k) - x_{ij}^+(t_k), & x_{ij}^*(t_k) > x_{ij}^+(t_k) \\ 0, & x_{ij}^*(t_k) \leqslant x_{ij}^+(t_k) \end{cases} \tag{4.63}$$

$$e_{ij}^-(t_k) = \begin{cases} x_{ij}^-(t_k) - x_{ij}(t_k), & x_{ij}^-(t_k) > x_{ij}^*(t_k) \\ 0, & x_{ij}^-(t_k) \leqslant x_{ij}^*(t_k) \end{cases} \tag{4.64}$$

正/负激励点及正/负激励量的几何关系如图 4-38 所示，t_a、t_b、t_c 时刻表示评价对象获得正激励、负激励与不获得激励的三种情况，这三种情况下获得的激励量分别为 $e_{ij}^{+}(t_k)$、$e_{ij}^{-}(t_k)$、0。

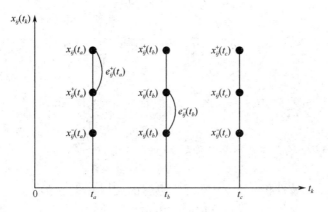

图 4-38　正/负激励点及正/负激励量的几何关系

在得到 t_k 时刻、评价指标 G_j 下被评价对象 O_i 的正/负激励点后，需要对正激励点上方部分的 $x_{ij}(t_k)$ 进行"奖励"，对负激励点下方部分的 $x_{ij}(t_k)$ 进行"惩罚"。

定义 9： 称 $x'_{ij}(t_k)$ 为 t_k 时刻被评价对象 O_i 在评价指标 G_j 下未规范化的动态激励评价指标值，即：

$$x'_{ij}(t_k) = \delta^{+} e_{ij}^{+}(t_k) + x_{ij}(t_k) - \delta^{-} e_{ij}^{-}(t_k) \tag{4.65}$$

式中，$\delta^{+} e_{ij}^{+}(t_k)$ 为 $x_{ij}(t_k)$ 获得的正激励水平；$\delta^{-} e_{ij}^{-}(t_k)$ 为 $x_{ij}(t_k)$ 获得的负激励水平；δ^{+}、δ^{-}（δ^{+}、$\delta^{-}>0$）分别为正/负激励因子；$e_{ij}^{+}(t_k) e_{ij}^{-}(t_k)=0$（正/负激励量不能同时取得），$\delta^{+}\sum_{i=1}^{n} e_{ij}^{+}(t_k) = \delta^{-}\sum_{i=1}^{n} e_{ij}^{-}(t_k)$（规则 1），$\delta^{+}+\delta^{-}=1$。

定义 10： $\boldsymbol{C}(t_k)$ 为区间型加权规范化决策矩阵，$\boldsymbol{C}(t_k)=[c_{ij}(t_k)]_{n\times m}$，$c_{ij}(t_k)=w_j^{*}(t_k)x''_{ij}(t_k)$，$x''_{ij}(t_k)$ 为动态激励评价指标值 $x'_{ij}(t_k)$ 规范化处理后的结果，$i=1,2,\cdots,n$，$j=1,2,\cdots,m$，$k=2,3,\cdots,T$。

基于以远离最劣状态、靠近最优状态的程度作为基准衡量投资价值优劣程度的思想，给出如下定义：

定义 11： $a_j^{+}=(a_1^{+},a_2^{+},\cdots,a_n^{+})^{\mathrm{T}}$ 为正理想点，$a_j^{-}=(a_1^{-},a_2^{-},\cdots,a_n^{-})^{\mathrm{T}}$ 为负理想点，d_i^{+} 为被评价对象 O_i 到正理想点的距离，d_i^{-} 为被评价对象 O_i 到负理想点的距离，

其计算公式如下：

$$a_j^- = [a_j^L, a_j^L], a_j^+ = [a_j^U, a_j^U] \tag{4.66}$$

$$d_i^- = \sum_{j=1}^m \| c_{ij}(t_k) - a_j^- \| = \sum_{j=1}^m | c_{ij}^L(t_k) - a_j^L | + \sum_{j=1}^m | c_{ij}^U(t_k) - a_j^L | \tag{4.67}$$

$$d_i^+ = \sum_{j=1}^m \| c_{ij}(t_k) - a_j^+ \| = \sum_{j=1}^m | c_{ij}^L(t_k) - a_j^U | + \sum_{j=1}^m | c_{ij}^U(t_k) - a_j^U | \tag{4.68}$$

式中，$a_j^L = \min_j c_{ij}^L(t_k)$，$a_j^U = \max_j c_{ij}^U(t_k)$，$i=1,2,\cdots,n$，$j=1,2,\cdots,m$，$k=2,3,\cdots,T$。

定义 12：称被评价对象 O_i 与正理想解的相对贴近度为：

$$c_i = \frac{d_i^-}{(d_i^- + d_i^+)} \tag{4.69}$$

式中，$0 \leqslant c_i \leqslant 1$，$c_i$ 越接近 1，表示相应的被评价对象 O_i 越符合择优的标准。

4.4.2.3　案例分析

下面选取湖南省电网的 5 类负荷，即水泥厂用电负荷（P_1）、房地产开发商用电负荷（P_2）、服务业用电负荷（P_3）、金属业用电负荷（P_4）、居民用电负荷（P_5），从新能源消纳提升量（Q_1）、可调负荷大小（Q_2）、负荷响应比（Q_3）、响应前后费用比（Q_4）4 个指标进行一个为期 3 天的案例分析。湖南省电网 5 类负荷参与调峰后各指标值如表 4-32 所示。

表 4-32　湖南省电网的 5 类负荷参与调峰后各指标值

时间/天	负荷	Q_1	Q_2	Q_3	Q_4
Day1	P_1	0.0131	0.1445	0.0701	1.3262
	P_2	0.0107	0.0433	0.0137	0.6078
	P_3	0.005	0.0716	0.0313	0.7736
	P_4	0.013	0.0741	0.0326	0.7465
	P_5	0.0121	0.0731	0.00319	0.7211
Day2	P_1	0.0158	0.1486	0.0719	1.3324
	P_2	0.0122	0.0479	0.0148	0.6087
	P_3	0.0057	0.0722	0.0305	0.755

续表

时间/天	负　荷	Q_1	Q_2	Q_3	Q_4
Day2	P_4	0.0133	0.0742	0.0393	0.7435
	P_5	0.0124	0.0734	0.00318	0.7225
Day3	P_1	0.0141	0.1411	0.0686	1.2935
	P_2	0.0125	0.0474	0.0146	0.6085
	P_3	0.005	0.0704	0.0277	0.7502
	P_4	0.0129	0.0723	0.0297	0.7268
	P_5	0.0125	0.0732	0.00317	0.7231

（1）对以上指标值进行规范化处理，并根据熵权法得到三天的 4 项指标的权重信息。征询熟悉该问题的专家意见，取 β^+=0.5、β^-=0.5，即可得到相邻天数间权重信息的最大、最小、平均波动，如表 4-33 所示。

表 4-33　相邻天数间权重信息的最大、最小、平均波动

	Q_1	Q_2	Q_3	Q_4
最大波动	0.0152	0.0135	0.0055	0.0012
最小波动	0.0043	−0.0062	−0.0029	−0.0036
平均波动	0.0098	0.0036	0.0013	−0.0012

进而可得到 Day3 的各指标的区间型权重信息，如表 4-34 所示。

表 4-34　Day3 的各项指标的区间型权重信息

	Q_1	Q_2	Q_3	Q_4
上限	0.3585	0.3492	0.2823	0.0152
下限	0.3536	0.3439	0.2801	0.0135

（2）征询熟悉该问题的专家意见，取 h^+=0.0002、h^-=0.0002，可得出各类型负荷 Day2 的各指标值优劣增益幅度，如表 4-35 所示，进而可得出 Day3 各负荷的正/负激励点及正/负激励量。

表 4-35　Day2 的各指标值正/负激励量

	Q_1	Q_2	Q_3	Q_4
正激励量	0.0481	0.0012	0.0003	−0.0055
负激励量	0.0203	−0.0054	−0.0177	−0.0101

（3）在计算各指标下的正/负激励因子、正/负激励水平、动态激励评价指标值的基础上，结合表 4-34 中的区间型权重信息，即可得出区间型加权规范化决策矩阵 C（Day3），Day3 各指标下的动态激励指标值如表 4-36 所示，然后可得到 Day3 各类负荷在各评价指标下指标值的正/负理想点、各自的相对贴近度及对应排名，如表 4-37 和表 4-38 所示。

表 4-36　Day3 各指标下的动态激励指标值

时间/天	负荷	Q_1	Q_2	Q_3	Q_4
	P_1	0.0133	0.1377	0.0676	1.2808
	P_2	0.0125	0.0473	0.0146	0.6101
Day3	P_3	0.0047	0.0697	0.0266	0.7502
	P_4	0.0127	0.0713	0.0273	0.7222
	P_5	0.0126	0.0699	0.0271	0.7323

表 4-37　Day3 各类负荷在各评价指标下指标值的正负理想点

理想点	Q_1	Q_2	Q_3	Q_4
正理想点	0.4435	0.2405	0.1930	0.1308
负理想点	0.1129	0.0525	0.1051	0.0219

表 4-38　Day3 各类型负荷相对贴近度及排名

负荷	相对贴近度	排名
P_1	0.9790	1
P_2	0.2161	4
P_3	0.1533	5
P_4	0.4944	2
P_5	0.3577	3

将区间型权重与动态激励评价指标值相结合，对五类负荷参与调峰进行综合评价，可得到综合评分结果，如表 4-39 所示。

表 4-39　综合评分结果

负荷	新能源消纳提升量	可调负荷占比	负荷响应比	费用变化量	综合评分
P_1	0.0133	0.1377	0.0676	1.2808	0.9790
P_4	0.0127	0.0713	0.0273	0.7222	0.4944

续表

负　　荷	新能源消纳提升量	可调负荷占比	负荷响应比	费用变化量	综合评分
P_5	0.0126	0.0699	0.0271	0.7323	0.3577
P_2	0.0125	0.0473	0.0146	0.6101	0.2161
P_3	0.0047	0.0697	0.0266	0.7502	0.1533

可见，对于湖南省电网五类负荷综合评分排序结果为：水泥厂用电负荷（P_1）>金属业用电负荷（P_4）>居民生活用电负荷（P_5）>房地产开发商用电负荷（P_2）>服务业用电负荷（P_3）。从新能源消纳量提升、可调负荷占比、负荷响应比三个指标来看，水泥厂的结果都是最优的，其次是金属业，说明二者参与调峰对新能源消纳的促进效果最好，且二者参与调峰的潜力也最高。从费用变化量来看，水泥厂的结果是最大的，说明这类用户参与调峰对电网带来的经济效益是最高的，但费用的增长会进一步降低用户参与积极性，因此有必要进一步研究相应的补偿机制。

4.5 本章小结

《湖南省推动能源绿色低碳转型做好碳达峰工作的实施方案》的通知提出，要大力发展风电、光伏发电，坚持集中式与分布式并举，推动风电和光伏发电大规模、高比例、高质量、市场化发展；在资源禀赋好、建设条件优、消纳和送出条件能力强的区域建设集中式风电项目，因地制宜建设一批农光互补、林光互补和渔光互补等集中式光伏项目，推进"光伏+生态治理"模式，探索建设多能互补清洁能源基地。

大规模可再生能源的接入导致电力系统调峰的压力日益增大，灵活调节资源的匮乏成为限制可再生能源接入的主要因素。从电源侧着手进行深度调峰改造或新建调峰电厂固然能够平抑可再生能源的功率波动，但存在成本高及使发电容量利用效率会进一步降低的问题。智能电网技术的快速发展使得需求侧资源参与系统调峰具有技术和经济上的优势。实践证明，需求响应资源已成为电力系统灵活调节资源的一个重要来源。居民需求响应主要通过家庭能量管理系统（HEMS）实现家庭负荷与电网的互动。HEMS 依据用户的用电需求、环境状况及价格激励信息，应用内置的居民用电优化策略调整各类电器的运行，优化用户负荷曲线，参与电网调峰。目前，居民用户优化用电的相关研究主要集中在居民生活用电负荷建模及优化调度方面。用户参与调峰电价引导模型建立了用户的用电量与价格之间的关系，包括：基于电力需求价格弹性矩阵的用户响应模型、基于消费者心理学的用户响应模型、基于统计学原理的用户响应模型等。利用储能的削峰填谷特性可以很好地促进新能源消纳改善系统的供电充裕度。

　　随着我国不断出台激励新能源发展的政策，湖南省风电、光伏发电装机规模迎来爆发式的增长。但随着新能源大规模并网，加之用户负荷需求的不断提升，电网峰谷差逐渐扩大，调峰压力剧增。需求响应作为一种合理高效的调峰资源，能够有效提高用电效率、优化用电方式，降低电力系统调峰压力，其已在全球得到广泛的实践与应用。然而，不同类型用户的用电行为及响应特性存在较大的差异，为研究多类型用户参与调峰策略，应分析不同类型用户的用电特性及激励敏感性，本章评估了不同类型用户的调峰责任，并以此来制定多类型用户参与调峰的激励措施。

第 5 章
结论与建议

5.1 结论

随着科技的发展、时代的进步，未来世界将会朝着更好的方向发展。而随着传统石油、煤炭等化石能源的日渐枯竭，新能源这种清洁可再生能源的发展是势不可挡的。伴随电网建设的发展，新能源发展所带来的各种问题也必将迎刃而解。

需求响应作为一种合理高效的调峰资源，通过制定合理、有效的引导策略，可为电网带来较大的经济效益与环境效益。从新能源利用率来看，积极引导用户侧参与调峰可以有效提升新能源的消纳率，降低对新能源的弃电量，有效改善我国的能源结构，带来较大的环境效益。从经济上来看，用户通过对电网激励的响应，可以在满足自身基本用电的情况下，降低自身的用电费用。可以看出，这对于发电侧或者用户侧而言，是双赢的结果。

对于用户侧调峰机制的研究，是通过在用户响应模型的基础上分别建立时段优化模型与时段电价组合优化模型，通过对激励的优化，引导用户调整用电负荷，以达到促进新能源消纳的目的。本书所用的新能源出力数据是固定的，但新能源的出力受环境、地形天气、季节等因素影响，这样将会给结果带来一定的误差。针对这样的问题，可以在下一阶段的优化模型当中加入新能源预测模型，以减小该部分误差对结果的影响。

5.2 建议

随着电网峰谷差的持续增长、新能源的加速发展，湖南省电网调峰面临着巨大压力，尤其是冬季大负荷期间及主汛期水电、风电同时大发的情况下，新能源发电需求超过低谷用电负荷，省内电源的调节能力已不能满足电网调峰的需要[142]。

湖南省电网丰水期水电大发，考虑祁韶直流最小方式，水电除多年调节水库外其余水电均满发，水电低谷最小可调出力为 8800 MW；火电开机方式需要同时满足系统最大负荷及备用的要求。在此方式下，谷时段盈余电力为 3200 MW，调峰异常困难。

因此，针对湖南省电网调峰，提出以下建议：

1）深挖电网调峰潜能

常态化采取火电机组深度调峰和启停调峰；充分利用网间资源优化配置和调剂能力，加大祁韶直流和鄂湘联络线调峰力度；充分发挥黑麋峰抽水蓄能电站调峰能力；优化水电运行方式，密切关注水库来水情况，坚持"以时间换空间"思路，充分发挥多年调节水库的反调节库容调峰能力，及时调整电网运行方式，最大限度地挖掘水电调峰潜能。

2）积极促进辅助服务市场发展

加快推动备用、调峰等辅助服务市场建设，完善辅助服务相关机制体制。通过开展中长期辅助服务招标交易和抽水蓄能专项辅助服务招标交易，与发电企业签订辅助服务中长期合同，按照"谁受益，谁付费"的原则进行成本分摊，鼓励和引导发电企业通过竞争方式参与电力市场辅助服务，并获取相应补偿；同时，统筹利用祁韶直流电价空间，对抽水蓄能配套调峰和火电企业备用、调峰进行适当补偿，进一步保障火电企业合法权益，提高抽水蓄能及火电机组的调峰积极性。

3）加强需求响应管理

与政府部门加强沟通汇报，争取尽快恢复湖南省电网发电侧峰谷分时电价，同时研究利用经济和政策激励措施，适当调整工业企业用电的峰谷分时电价差，改善用电结构，引导用电负荷向谷时段转移，减缓用电高峰负荷的增长速度，一定程度上缓解今后一段时期内湖南省电网的高峰电力缺口，同时增加谷时段用电负荷需求，降低工业企业用电成本，扩大发电企业利用小时，减少发电侧投资，实现"削峰填谷"，有效解决负荷高峰备用紧张、低谷调峰困难的突出矛盾。

儲能技术作为源网荷储的关键一环受到了越来越多的关注。储能因其快速的响应特性，可在谷时段作为负荷存储电能，在峰时段作为电源释放电能，实现发电和用电间解耦及负荷调节，削减高峰负荷，适当缓解负荷高峰期电网供电能力不足的压力。另外，储能可实时调整充放电功率及充放电状态，建议在电网侧配备 2 倍于自身装机规模的调峰能力，规模化配置后，可有效缓解地区电网调峰压力，后续可在前期研究的基础上，考虑储能的调峰作用，以进一步研究促进新能源消纳策略。

参考文献

[1] 卢纯. 开启我国能源体系重大变革和清洁可再生能源创新发展新时代——深刻理解碳达峰，碳中和目标的重大历史意义[J]. 学术前沿，2021, 14: 28-41.

[2] Nejabatkhah F, Li Y W. Overview of power management strategies of hybrid AC/DC microgrid[J]. IEEE Transactions on power electronics, 2014, 30(12): 7072-7089.

[3] 陈国平, 董昱, 梁志峰. 能源转型中的中国特色新能源高质量发展分析与思考[J]. 中国电机工程学报，2020, 40(17): 5493-5505.

[4] 湖南首座生物质发电厂奠基[J]. 电网技术，2008, 32(18):81.

[5] Mohsenian-Rad A, Wong V W S, Jatskevich J, et al. Autonomous demand-side management based on game-theoretic energy consumption scheduling for the future smart grid[J]. IEEE Transactions on Smart Grid, 2010, 1(3): 320-331.

[6] 周明, 李庚银, 倪以信. 电力市场下电力需求侧管理实施机制初探[J]. 电网技术，2005, 29(5): 6-11.

[7] Palensky P, Dietrich D. Demand side management: Demand response, intelligent energy systems, and smart loads[J]. IEEE transactions on industrial informatics, 2011, 7(3): 381-388.

[8] 钟鸣, 赖威敏. 国内外需求侧响应的研究与实践现状[J]. 贵州电力技术，2016, 19(10): 21-24.

[9] Qdr Q. Benefits of demand response in electricity markets and recommendations for achieving them[R]. USA Dept. Energy, 2006.

[10] 李国栋，李庚银，周明．基于可再生能源消纳的欧洲需求侧管理经验与启示[J]．电力需求侧管理，2020, 22(6): 96-100.

[11] Hamidi V, Li F, Robinson F. Demand response in the UK's domestic sector[J]. Electric Power Systems Research, 2009, 79(12): 1722-1726.

[12] 李伟，韩瑞迪，孙晨家．基于用电偏好的可平移负荷参与需求响应最优激励合同与激励策略[J]．中国电机工程学报，2021, 41: 185-193.

[13] 范帅，危怡涵，何光宇，等．面向新型电力系统的需求响应机制探讨[J]．电力系统自动化，2022(7): 1-12.

[14] 郭振祥．浅谈我国电力能源需求响应发展现状与展望[J]．中国设备工程，2022(2): 245-246.

[15] 梁珩，王彩霞，张达．需求响应纳入电力市场的关键问题探讨[J]．中国能源，2021, 43(10): 53-62.

[16] 杨捷，普永德．居民用电阶梯电价分段电量与电价制定方法研究[J]．科技风，2020, (13): 202.

[17] 何胜，徐玉婷，陈宋宋，等．我国电力需求响应发展成效及"十四五"工作展望[J]．电力需求侧管理，2021(6): 1-6.

[18] 李晖，康重庆，夏清．考虑用户满意度的需求侧管理价格决策模型[J]．电网技术，2004, 28(23): 1-6.

[19] 王建新，彭巨，吴战江．电力市场营销分析中的两类建模问题[J]．电力需求侧管理，2001, 3(2): 24-27.

[20] Kirschen D S, Strbac G, Cumperayot P, et al. Factoring the elasticity of demand in electricity prices[J]. IEEE Transactions on Power Systems, 2000, 15(2): 612-617.

[21] 秦祯芳，岳顺民，余贻鑫，等．零售端电力市场中的电量电价弹性矩阵[J]．电力系统自动化，2004, 28(5): 16-19.

[22] 高亚静，吕孟扩，梁海峰，等．基于离散吸引力模型的用电需求价格弹性矩阵[J]．电力系统自动化，2014(13): 103-107．

[23] 丁伟，袁家海，胡兆光．基于用户价格响应和满意度的峰谷分时电价决策模型[J]．电力系统自动化，2005, 29(20): 10-14．

[24] 胡兆光．需求侧管理在中国的应用与实施[J]．电力系统自动化，2001, 25(1): 41-44．

[25] 李扬，王治华，卢毅，等．峰谷分时电价的实施及大工业用户的响应[J]．电力系统自动化，2001, 25(8): 45-48．

[26] 丁宁，吴军基，邹云．基于 DSM 的峰谷时段划分及分时电价研究[J]．电力系统自动化，2001, 25(23): 9-12．

[27] 李春燕，许中，马智远．计及用户需求响应的分时电价优化模型[J]．电力系统及其自动化学报，2015, 27(3): 11-16．

[28] 张强，代建．风电能源上网分时段销售电价划分研究[J]．计算机仿真，2017, 34(8): 142-146．

[29] 周莹，张娜，董振，等．风电上网电价机制研究[J]．华北电力大学学报：自然科学版，2012, 39(5): 97-104．

[30] 崔强，王秀丽，王维洲．考虑风电消纳能力的高载能用户错峰峰谷电价研究[J]．电网技术，2015, 39(4): 946-952．

[31] 孟静．计及风电消纳的峰谷分时电价定价机制研究[D]．吉林：东北电力大学，2019．

[32] 黄培东．考虑需求响应的风电消纳模型研究[D]．成都：西华大学，2017．

[33] 赵冬梅，宋原，王云龙，等．考虑柔性负荷响应不确定性的多时间尺度协调调度模型[J]．电力系统自动化，2019, 43(22): 21-30．

[34] 杨胜春，刘建涛，姚建国，等．多时间尺度协调的柔性负荷互动响应调度模型与策略[J]．中国电机工程学报，2014, 34(22): 10．

[35] 包宇庆，王蓓蓓，李扬，等．考虑大规模风电接入并计及多时间尺度需求响应资源协调优化的滚动调度模型[J]．中国电机工程学报，2016, 36(17): 4589-4599.

[36] Munoz E G, Alcaraz G G, Cabrera N G. Two-phase short-term scheduling approach with intermittent renewable energy resources and demand response[J]. IEEE Latin America Transactions, 2015, 13(1): 181-187.

[37] 李义荣．考虑不确定性的需求响应建模及其在电力系统运行中的应用[D]．南京：东南大学，2015.

[38] 牛文娟．计及不确定性的需求响应机理模型及应用研究[D]．南京：东南大学，2015.

[39] 殷加翔，赵冬梅．考虑源荷双侧预测误差的实时发电计划闭环控制模型[J]．电力系统自动化，2018, 42(6): 98-105.

[40] 孙宇军，李扬，王蓓蓓，等．计及不确定性需求响应的日前调度计划模型[J]．电网技术，2014, 38(10): 2708-2714.

[41] Wang Q, Wang J, Guan Y. Stochastic unit commitment with uncertain demand response[J]. IEEE Transactions on power systems, 2012, 28(1): 562-563.

[42] 彭文昊，陆俊，冯勇军，等．计及用户参与不确定性的需求响应策略优化方法[J]．电网技术，2018, 42(5): 1588-1594.

[43] 王蓓蓓，孙宇军，李扬．不确定性需求响应建模在电力积分激励决策中的应用[J]．电力系统自动化，2015(10): 93-99,150.

[44] 孙宇军，王岩，王蓓蓓，等．考虑需求响应不确定性的多时间尺度源荷互动决策方法[J]．电力系统自动化，2018, 42(2): 106-113,159.

[45] 江岳春，曾诚玉，郇嘉嘉，等．计及人体舒适度和柔性负荷的综合能源协同优化调度[J]．电力自动化设备，2019, 39(8): 254-260.

[46] 崔雪，邹晨露，王恒，等．考虑风电消纳的电热联合系统源荷协调优化调度[J]．电力自动化设备，2018, 38(7): 74-81.

[47] 李春燕，陈骁，张鹏，等．计及风电功率预测误差的需求响应多时间尺度优化调度[J]．电网技术，2018, 42(2): 487-494.

[48] 侯建朝，胡群丰，谭忠富．计及需求响应的风电–电动汽车协同调度多目标优化模型[J]．电力自动化设备，2016(7): 22-27.

[49] 牛文娟，李扬，王磊．基于风险评估和机会约束的不确定性可中断负荷优化调度[J]．电力自动化设备，2016, 36(4): 62-67,84.

[50] 罗纯坚，李姚旺，许汉平，等．需求响应不确定性对日前优化调度的影响分析[J]．电力系统自动化，2017, 41(5): 22-29.

[51] 方燕琼，甘霖，艾芊．基于主从博弈的虚拟电厂双层竞标策略[J]．电力系统自动化，2017, 41(14): 61-69.

[52] 邱革非，何超，骆钊，等．考虑新能源消纳及需求响应不确定性的配电网主从博弈经济调度[J]．电力自动化设备，2021, 41(6): 66-72.

[53] 吕祥梅，刘天琪，刘绚，等．考虑高比例新能源消纳的多能源园区日前低碳经济调度[J]．上海交通大学学报，2021, 55(12): 1586-1597.

[54] 艾芊，郝然．多能互补、集成优化能源系统关键技术及挑战[J]．电力系统自动化 ，2018, 42(4): 2-10, 46.

[55] 崔杨，闫石，仲悟之，等．含电转气的区域综合能源系统热电优化调度[J]．电网技术，2020, 44(11): 4254-4263.

[56] 张儒峰，姜涛，李国庆，等．考虑电转气消纳风电的电–气综合能源系统双层优化调度[J]．中国电机工程学报，2018, 38(19): 5668-5678, 5924.

[57] 郑亚锋，魏振华，王春雨．计及储热装置的综合能源系统分层优化调度[J]．中国电机工程学报，2019(S01): 36-43.

[58] 张淑婷，陆海，林小杰，等．考虑储能的工业园区综合能源系统日前优化调度[J]．高电压技术，2021, 47(1): 93-101.

[59] 崔杨，姜涛，仲悟之，等．电动汽车与热泵促进风电消纳的区域综合能源系统经济调度方法[J]．电力自动化设备，2021(2): 1-7.

[60] 林润. 计及电动汽车的综合能源系统能量管理优化研究[D]. 北京：华北电力大学（北京），2020.

[61] 崔杨，曾鹏，王铮，等. 计及电价型需求侧响应含碳捕集设备的电-气-热综合能源系统低碳经济调度[J]. 电网技术，2021(2): 447-459.

[62] 李鹏，吴迪凡，李雨薇，等. 基于综合需求响应和主从博弈的多微网综合能源系统优化调度策略[J]. 中国电机工程学报，2021(4): 1307-1321.

[63] 刘天琪，张琪，何川. 考虑气电联合需求响应的气电综合能源配网系统协调优化运行[J]. 中国电机工程学报，2021, 41(5): 1664-1677.

[64] 田丰，贾燕饼，任海泉，等. 考虑碳捕集系统的综合能源系统"源–荷"低碳经济调度[J]. 电网技术，2020, 44(9): 3346-3355.

[65] 崔杨，曾鹏，仲悟之. 考虑富氧燃烧技术的电-气-热综合能源系统低碳经济调度[J]. 中国电机工程学报，2021, 41(2): 592-607.

[66] 朱磊，黄河，高松，等. 计及风电消纳的电动汽车负荷优化配置研究[J]. 中国电机工程学报，2021, 41(S01): 194-203.

[67] 钟朋园. 内蒙古风电并网管理评价体系及相关机制研究[D]. 北京：华北电力大学（北京），2015.

[68] Ueckerdt F, Hirth L, Luderer G, et al. System LCOE: What are the costs of variable renewables?[J]. Energy, 2013, 63: 61-75.

[69] Hirth L, Ueckerdt F, Edenhofer O. Integration costs revisited–An economic framework for wind and solar variability[J]. Renewable Energy, 2015, 74:925-939.

[70] 李树杰，风电并网条件下供电系统安全管理研究[D]. 北京：华北电力大学（北京），2015.

[71] 何洋，李欢欢，尚金成，等. 考虑新能源并网的能源结构与电源结构多情景优化模型[J]. 电力建设，2014, 35(7): 26-33.

[72] 代红才，李琼慧，汪晓露. 新能源与智能电网协调发展评价指标体系研究[J]. 能源技术经济，2011, 23(5): 18-23.

[73] 张宏伟. 供需侧调峰方式对电力系统能效影响分析[D]. 北京：华北电力大学（北京），2017.

[74] Koshkin N L, Fugenfirov M I. Wind power today and tomorrow[J]. Ehnergokhoziaistvo za Rubezhom, 1991: 25-30.

[75] 张宁，周天睿，段长刚，等. 大规模风电场接入对电力系统调峰的影响[J]. 电网技术，2010, 034(001): 152-158.

[76] 静铁岩，吕泉，郭琳，等. 水电—风电系统日间联合调峰运行策略[J]. 电力系统自动化，2011, 35(22): 97-104.

[77] Castronuovo E D, Lopes J A P. On the Optimization of the Daily Operation of a Wind-Hydro Power Plant[J]. IEEE Transactions on Power Systems, 2004, 19(3): 1599-1606.

[78] 衣立东，朱敏奕，魏磊，等. 风电并网后西北电网调峰能力的计算方法[J]. 电网技术，2010(2): 129-132.

[79] Kaldellis J K, Kavadias K A. Optimal wind-hydro solution for Aegean Sea islands' electricity-demand fulfilment[J]. Applied Energy, 2001, 70(4): 333-354.

[80] Camille Bélanger, Gagnon L. Adding wind energy to hydropower[J]. Energy Policy, 2002, 30(14): 1279-1284.

[81] 张奇林，李卫国，廖国栋. 湖南电网风电接入对调峰影响的量化研究[J]. 湖南电力，2014, 34(2): 11-15.

[82] 郑太一，冯利民，王绍然，等. 一种计及电网安全约束的风电优化调度方法[J]. 电力系统自动化，2010, 34(15): 71-74.

[83] 李付强，马世英，王彬，等. 京津唐电网风力发电并网调峰特性分析[J]. 电网技术，2009(18): 128-132.

[84] 董永平，何世恩，刘峻，等．低碳电力视角下的风电消纳问题[J]．电力系统保护与控制，2014, 42(5): 12-16.

[85] 王锡辉，何洪浩，李旭，等．湖南省燃煤机组深度调峰问题分析及应对策略[J]．湖南电力，2021, 41(1): 79-83.

[86] 陈文文．湖南电力调峰辅助服务市场建设研究[D]．长沙：湖南大学，2020.

[87] 李彬，曹望璋，祁兵，等．区块链技术在电力辅助服务领域的应用综述[J]．电网技术，2017, 41(3): 736-744.

[88] 孙伟卿，向威，裴亮，等．电力辅助服务市场下的用户侧广义储能控制策略[J]．电力系统自动化，2020, 44(2): 68-75.

[89] 杨萌，张粒子，吕建虎，等．面向灵活性的电能量与辅助服务日前市场联合出清模型[J]．中国电力，2020, 53(8): 182-192.

[90] 杨萌．可再生能源高渗透率电力系统的有功辅助服务市场机制设计与出清模型研究[D]．北京：华北电力大学（北京），2020.

[91] 任景，薛晨，马晓伟，等．源荷联动调峰辅助服务市场两阶段模型[J]．电力系统自动化，2021, 45(18): 94-102.

[92] 朱继忠，叶秋子，邹金，等．英国电力辅助服务市场短期运行备用服务机制及启示[J]．电力系统自动化，2018, 42(17): 1-9.

[93] 何永秀，陈倩，费云志，等．国外典型辅助服务市场产品研究及对中国的启示[J]．电网技术，2018, 42(9): 2915-2922.

[94] 喻洁，刘云仁，杨家琪，等．美国加州辅助服务市场发展解析及其对我国电力市场的启示[J]．电网技术，2019, 43(8): 2711-2717.

[95] 施雄华，薛忠，唐健，等．考虑火电调峰资源协调优化的广西调峰辅助服务市场实践[J]．电力系统自动化，2021, 45(22): 183-190.

[96] 文旭，杨可，毛锐，等．高水电占比西南电力调峰辅助服务市场构建[J]．全球能源互联网，2021(3): 309-319.

[97] 丁强，任远，胡晓静，等．山西电力现货与深度调峰市场联合优化机制设计与实践[J]．电网技术，2021, 45(6): 2219-2227．

[98] 李光辉，陈浩，陈远扬，等．湖南电网负荷率特性分析[J]．湖南电力，2016, 36(5): 58-60．

[99] 廖剑波，吴恺琳，刘鹏．面向新型电力系统源网荷储协同的电力平衡方法[J]．电工技术，2022(10):132-138．

[100] 张思远，龙高翔，周过海，等．新型电力系统下的调度智能平衡系统研究[J]．湖南电力，2022,42(2):29-3643．

[101] 王灿，张雅欣．碳中和愿景的实现路径与政策体系[J]．中国环境管理，2020, 12(6): 58-64．

[102] 艾欣，周树鹏，赵阅群．基于场景分析的含可中断负荷的优化调度模型研究[J]．中国电机工程学报，2014(S1): 25-31．

[103] 朱兰，周雪莹，唐陇军，等．计及可中断负荷的微电网多目标优化运行[J]．电网技术，2017, 41(6): 1847-1854．

[104] 艾欣，周树鹏，陈政琦，等．多随机因素下含可中断负荷的电力系统优化调度模型与求解方法研究[J].中国电机工程学报,2017,37(8): 2231-2241．

[105] 向育鹏，卫志农，孙国强，等．基于全寿命周期成本的配电网蓄电池储能系统的优化配置[J]．电网技术，2015(1): 264-270．

[106] 胡泽春，谢旭，张放，等．含储能资源参与的自动发电控制策略研究[J]．中国电机工程学报，2014, 34(29): 5080-5087．

[107] 谭兴国，王辉，张黎，等．微电网复合储能多目标优化配置方法及评价指标[J]．电力系统自动化，2014(8): 7-14．

[108] 尤毅，刘东，钟清，等．主动配电网储能系统的多目标优化配置[J]．电力系统自动化，2014(18):46-52．

[109] 冯树海，姚建国，杨胜春，等．"物理分布，逻辑集中"架构下调度系统一体化分析中心总体设计[J]．电力自动化设备，2015, 35(12): 138-144．

[110] 姚建国，杨胜春，单茂华．面向未来互联电网的调度技术支持系统架构思考[J]．电力系统自动化，2013, 37(21): 52-59.

[111] 申建建，曹瑞，苏承国，等．水火风光多源发电调度系统大数据平台架构及关键技术[J]．中国电机工程学报，2019, 39(1): 43-55.

[112] 于存水．基于智能电网调度系统的调度监控平台的设计与实现[D]．长春：吉林大学，2013.

[113] 王逸飞，张行，何迪，等．基于大数据平台的电网防灾调度系统功能设计与系统架构[J]．电网技术，2016, 40(10): 3213-3219.

[114] 丁盛舟，李永光，杜鹏，等．基于 CIM/E 的电网调度系统数据质量优化方法[J]．电力系统保护与控制，2016, 44(3): 129-134.

[115] 翟明玉，王瑾，吴庆曦，等．电网调度广域分布式实时数据库系统体系架构和关键技术[J]．电力系统自动化，2013, 37(2): 67-71.

[116] 黄智鑫．基于云计算的智能电网调度系统的研究[D]．天津：天津理工大学，2014.

[117] 毛立森．基于智能电网调度控制系统基础平台的新能源优化调度[J]．电工技术：下半月，2015(10): 22.

[118] 应益强，王正风，吴旭，等．计及新能源随机特性的电网深度调峰多目标策略[J]．电力系统保护与控制，2020, 48(6): 34-42.

[119] 李岩春，张化清，林伟，等．调峰辅助服务与电量协调优化的日内安全约束经济调度[J]．中国电力，2018, 51(10): 95-102.

[120] 杨丽君，梁旭日，王心蕊，等．考虑调峰权交易提高风电二次消纳能力的热电联合经济调度[J]．电网技术，2020, 44(5): 1872-1879.

[121] 林俐，邹兰青，周鹏，等．规模风电并网条件下火电机组深度调峰的多角度经济性分析[J]．电力系统自动化，2017, 41(7): 21-27.

[122] 林俐，田欣雨．基于火电机组分级深度调峰的电力系统经济调度及

效益分析[J]. 电网技术，2017, 41(7): 2255-2262.

[123] 黄海煜，熊华强，江保锋，等. 区域电网省间调峰辅助服务交易机制研究[J]. 陕西电力，2020，48(2)：119-124.

[124] 陆文甜，林舜江，刘明波，等. 含风电场的交直流互联电力系统网省协调有功调度优化方法[J]. 电力系统自动化，2015(7): 89-96.

[125] Liu Y, Wu L, Li J. A fast LP-based approach for robust dynamic economic dispatch problem: A feasible region projection method[J]. IEEE Transactions on Power Systems, 2020, 35(5): 4116-4119.

[126] 张炜，刘路登，王海港，等. 含风电并网系统鲁棒区间优化调度[J]. 科学技术与工程，2020, 20(19): 7696-7703.

[127] 朱永利，高卉，王开艳，等. 计及调峰能力差异性的系统多源优化调度[J]. 水电能源科学，2020, 38(1): 204-208.

[128] 杨旭英，周明，李庚银. 智能电网下需求响应机理分析与建模综述[J]. 电网技术，2016, 40(1): 220-226.

[129] 李斌，顾国栋. 江苏电力负荷管理的创新及实践[J]. 电力需求侧管理，2015, 17(5): 1-4.

[130] Rodriguez-Diaz E, Palacios-Garcia E J, Savaghebi M, et al. Development and integration of a HEMS with an advanced smart metering infrastructure[C]//2016 IEEE International Conference on Consumer Electronics (ICCE). January 07-11, 2016, USA, Las NV, Vegas, 2016: 544-545.

[131] 张延宇，曾鹏，李忠文，等. 智能电网环境下空调系统多目标优化控制算法[J]. 电网技术，2014, 38(7): 1819-1826.

[132] 杨永标，颜庆国，王冬，等. 居民用户智能用电建模及优化仿真分析[J]. 电力系统自动化，2016, 40(3): 46-51.

[133] Roh H T, Lee J W. Residential demand response scheduling with

multiclass appliances in the smart grid[J]. IEEE Transactions on Smart Grid, 2015. 7(1): 94-104.

[134] 徐建军, 王保娥, 闫丽梅, 等. 混合能源协同控制的智能家庭能源优化控制策略[J]. 电工技术学报, 2017, 32(12): 214-223.

[135] 樊玮, 刘念, 张建华. 事件驱动的智能家庭在线能量管理算法[J]. 电工技术学报, 2016, 31(13): 130-140.

[136] Althaher S, Mancarella P, Mutale J. Mutale. Automated demand response from home energy management system under dynamic pricing and power and comfort constraints[J]. IEEE Transactions on Smart Grid, 2015, 6(4): 1874-1883.

[137] 陆俊, 彭文昊, 朱炎平, 等. 基于粒子校正优化的智能小区需求响应调度策略[J]. 电网技术, 2017, 41(7): 2370-2377.

[138] Yu Y, Liu G, Zhu W, et al. Good consumer or bad consumer: Economic information revealed from demand profiles[J]. IEEE Transactions on Smart Grid, 2017, 9(3): 2347-2358.

[139] Gu C, Yan X, Yan Z, et al. Dynamic pricing for responsive demand to increase distribution network efficiency[J]. Applied energy, 2017, 205: 236-243.

[140] 张良, 严正, 冯冬涵, 等. 采用两阶段优化模型的电动汽车充电站内有序充电策略[J]. 电网技术, 2014, 38(4): 967-973.

[141] 涂京, 周明, 宋旭帆, 等. 居民用户参与电网调峰激励机制及优化用电策略研究[J]. 电网技术, 2019, 43(2): 443-453.

[142] 路建明, 石辉, 贺鹏程. 湖南电网调峰特性分析及建议[J]. 湖南电力, 2019, 39(3): 54-56.

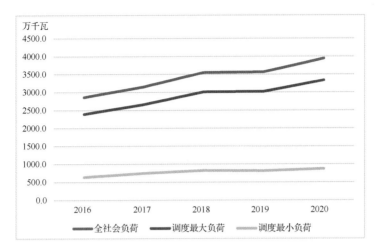

图 2-2 湖南省 2016—2020 年负荷变化情况

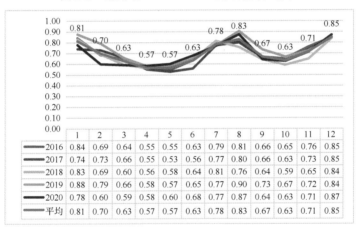

	1	2	3	4	5	6	7	8	9	10	11	12
2016	0.84	0.69	0.64	0.55	0.55	0.63	0.79	0.81	0.66	0.65	0.76	0.85
2017	0.74	0.73	0.66	0.55	0.53	0.56	0.77	0.80	0.66	0.63	0.73	0.85
2018	0.83	0.69	0.60	0.56	0.58	0.64	0.81	0.76	0.64	0.59	0.65	0.84
2019	0.88	0.79	0.66	0.58	0.57	0.65	0.77	0.90	0.73	0.67	0.72	0.84
2020	0.78	0.60	0.59	0.58	0.60	0.68	0.77	0.87	0.64	0.63	0.71	0.87
平均	0.81	0.70	0.63	0.57	0.57	0.63	0.78	0.83	0.67	0.63	0.71	0.85

图 2-3 2016—2020 年月最大负荷系数图

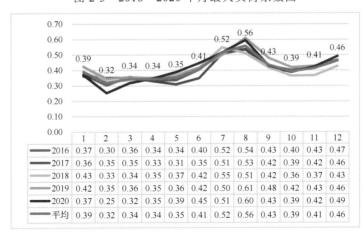

	1	2	3	4	5	6	7	8	9	10	11	12
2016	0.37	0.30	0.36	0.34	0.34	0.40	0.52	0.54	0.43	0.40	0.43	0.47
2017	0.36	0.35	0.35	0.33	0.31	0.35	0.51	0.53	0.42	0.39	0.42	0.46
2018	0.43	0.33	0.34	0.35	0.37	0.42	0.55	0.51	0.42	0.36	0.37	0.43
2019	0.42	0.35	0.36	0.35	0.36	0.42	0.50	0.61	0.48	0.43	0.43	0.46
2020	0.37	0.25	0.32	0.35	0.39	0.45	0.51	0.60	0.43	0.39	0.42	0.49
平均	0.39	0.32	0.34	0.34	0.35	0.41	0.52	0.56	0.43	0.39	0.41	0.46

图 2-4 2016—2020 年月最小负荷系数图

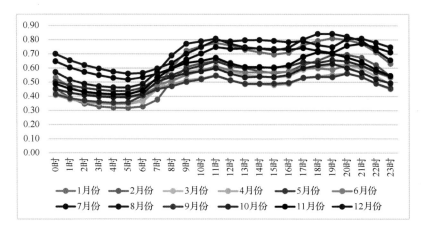

图 2-5　2016—2020 年典型日负荷系数图

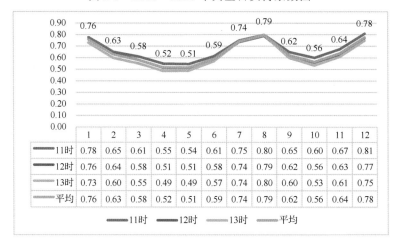

	1	2	3	4	5	6	7	8	9	10	11	12
11时	0.78	0.65	0.61	0.55	0.54	0.61	0.75	0.80	0.65	0.60	0.67	0.81
12时	0.76	0.64	0.58	0.51	0.51	0.58	0.74	0.79	0.62	0.56	0.63	0.77
13时	0.73	0.60	0.55	0.49	0.49	0.57	0.74	0.80	0.60	0.53	0.61	0.75
平均	0.76	0.63	0.58	0.52	0.51	0.59	0.74	0.79	0.62	0.56	0.64	0.78

图 2-6　近五年的月平均腰荷系数图

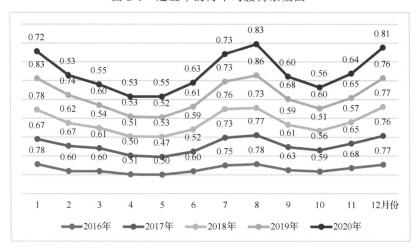

图 2-7　逐年月平均腰荷系数图

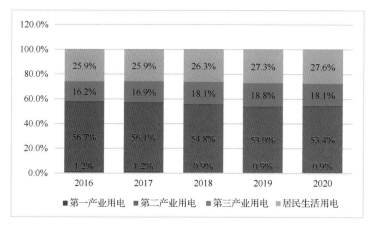

图 2-8　2016—2020 年湖南三次产业和居民用电比重

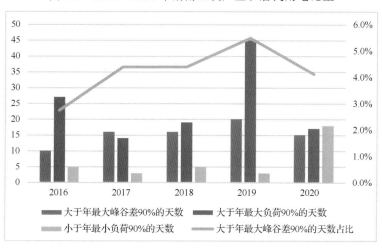

图 2-9　2016—2020 年湖南省电网负荷特性总体情况图

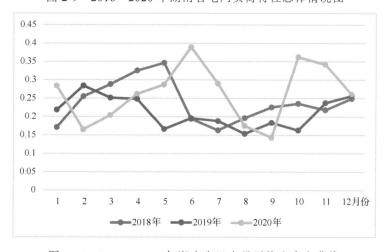

图 2-10　2018—2020 年湖南省风电月平均出力率曲线

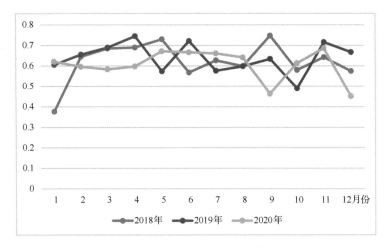

图 2-11　2018—2020 年湖南省风电月最大出力率曲线

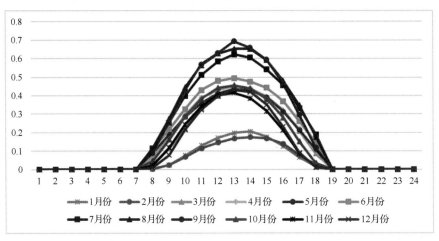

图 2-15　2019 年光伏月度日均出力曲线

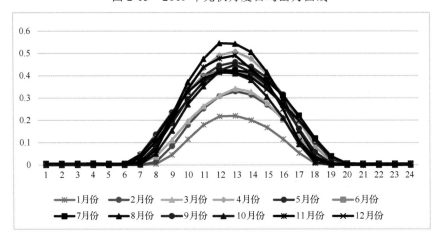

图 2-16　2020 年光伏发电月度日均出力曲线

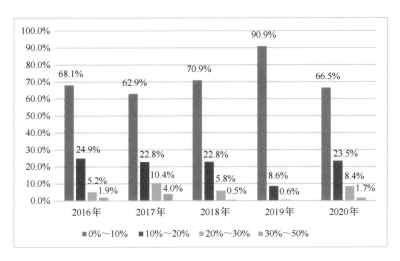

图 2-20　2016—2020 年风电反调峰深度占比情况

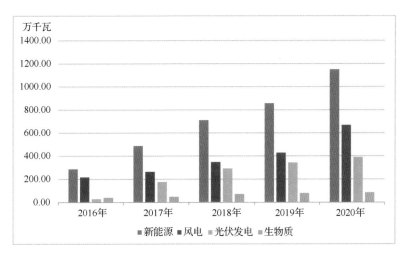

图 2-22　2016—2020 年湖南省电网新能源累计装机规模

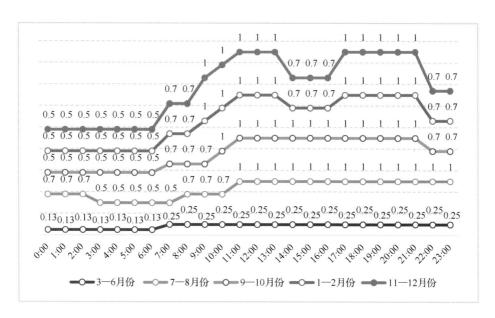

图 3-1 预测祁韶直流逐月 24 小时输电曲线

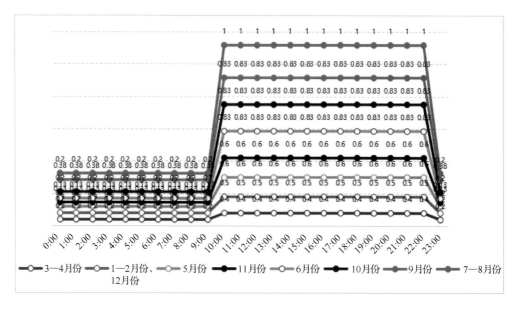

图 3-2 预测雅中直流逐月 24 小时输电曲线

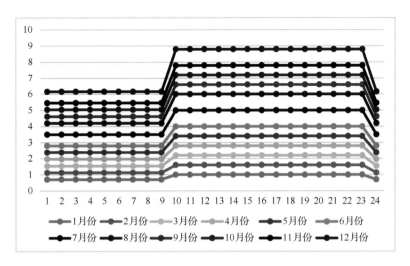

图 3-4　预测宁夏直流逐月 24 小时输电曲线

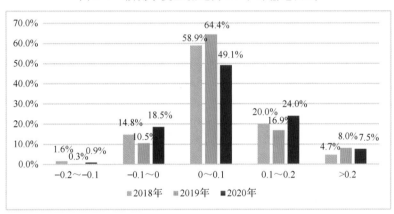

图 3-8　2018—2020 年湖南省电网的调峰难度系数占比图

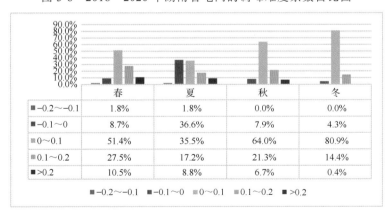

	春	夏	秋	冬
■ −0.2～−0.1	1.8%	1.8%	0.0%	0.0%
■ −0.1～0	8.7%	36.6%	7.9%	4.3%
▨ 0～0.1	51.4%	35.5%	64.0%	80.9%
▨ 0.1～0.2	27.5%	17.2%	21.3%	14.4%
■ >0.2	10.5%	8.8%	6.7%	0.4%

图 3-9　四季调峰难度系数占比图

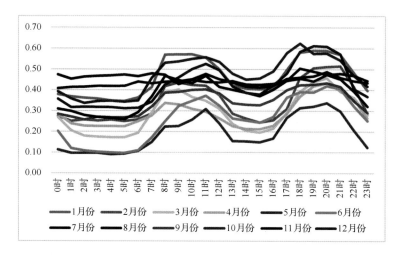

图 3-10　2018—2020 年鄂湘联络线月度日平均出力系数曲线

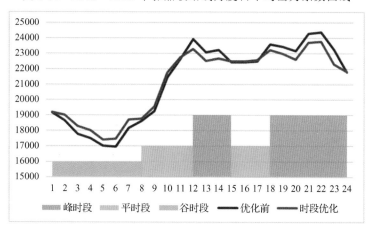

图 4-11　用户响应前后负荷曲线（基于电力需求价格弹性矩阵的用户响应模型，单位为 MW）

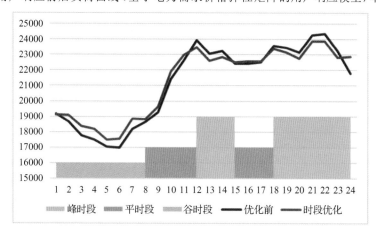

图 4-12　用户响应前后负荷曲线（基于消费者心理学响应的用户响应模型，单位为 MW）

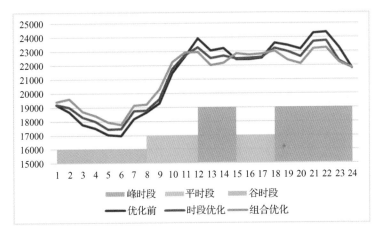

图 4-13　时段优化与组合优化负荷曲线（基于电力需求价格弹性矩阵的用户响应模型，单位为 MW）

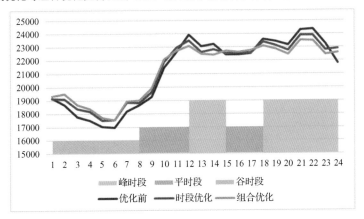

图 4-14　时段优化与组合优化负荷曲线（基于消费者心理学的用户响应模型，单位为 MW）

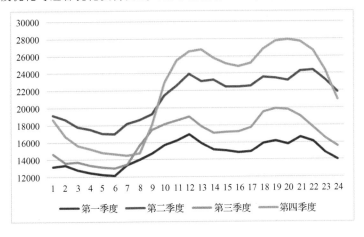

图 4-15　湖南省电网各季度典型日负荷曲线（单位为 MW）

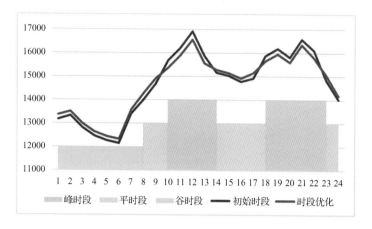

图 4-16　春季典型日优化前后负荷曲线（单位为 MW）

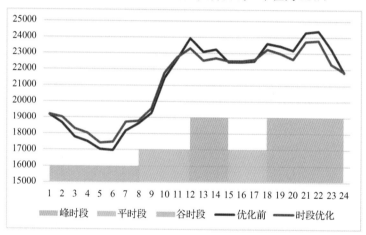

图 4-17　夏季典型日优化前后负荷曲线（单位为 MW）

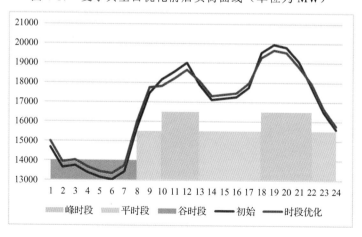

图 4-18　秋季典型日优化前后负荷曲线（单位为 MW）

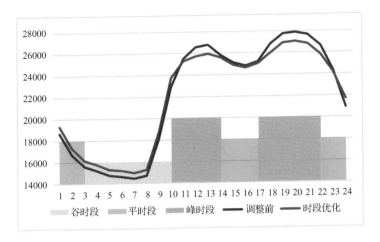

图 4-19　冬季典型日优化前后负荷曲线（单位为 MW）

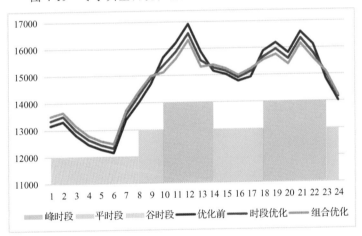

图 4-20　春季典型日时段优化和组合优化前后负荷曲线（单位为 MW）

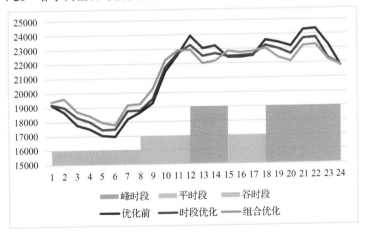

图 4-21　夏季典型日时段优化和组合优化前后负荷曲线（单位为 MW）

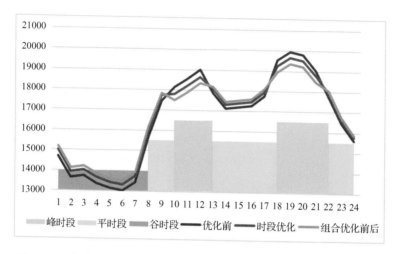

图 4-22　秋季典型日时段优化和组合优化负荷曲线（单位为 MW）

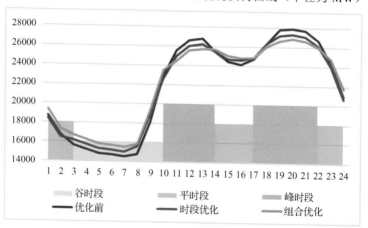

图 4-23　冬季典型日时段优化和组合优化前后负荷曲线（单位为 MW）

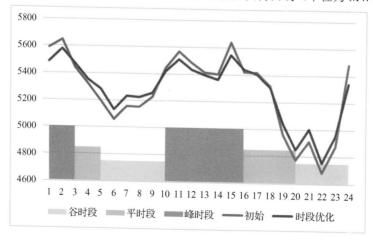

图 4-31　优化前后大工业用户用电日负荷曲线

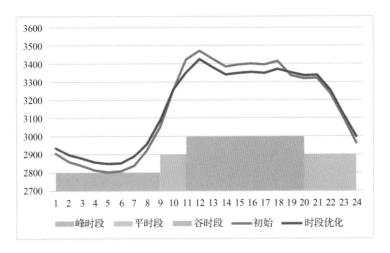

图 4-32　优化前后一般工商业用户用电日负荷曲线

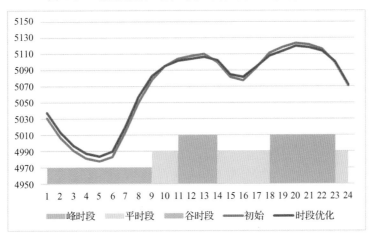

图 4-33　优化前后居民用户用电日负荷曲线

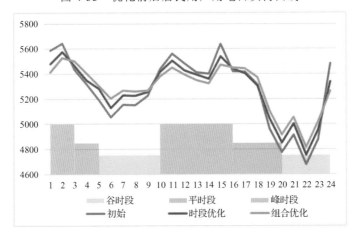

图 4-34　大工业用户的用电负荷曲线及优化结果（单位为 MW）

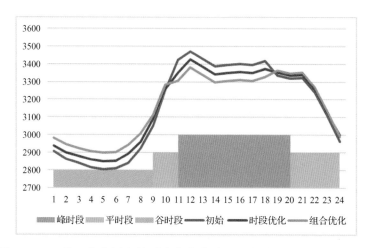

图 4-35　一般工商业用户的用电负荷曲线及优化结果（单位为 MW）

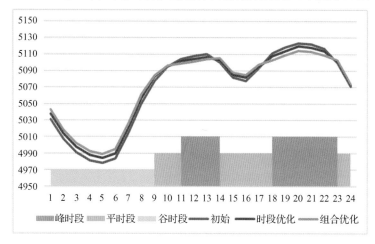

图 4-36　居民用户的用电负荷曲线及优化结果（单位为 MW）